你也能创造奇迹

汪传华 编著

清华大学出版社

北京

图书在版编目（CIP）数据

你也能创造奇迹/汪传华编著．—北京：清华大学出版社，2012.9
ISBN 978-7-302-29724-6

Ⅰ．①你…　Ⅱ．①汪…　Ⅲ．①成功心理－青年读物 ②成功心理－少年读物
Ⅳ．①B848.4-49

中国版本图书馆 CIP 数据核字(2012)第 188206 号

责任编辑：刘美玉
封面设计：梁　燕
责任校对：王凤芝
责任印制：宋　林

出版发行：清华大学出版社
网　　址：http://www.tup.com.cn，http://www.wqbook.com
地　　址：北京清华大学学研大厦 A 座　**邮　　编**：100084
社 总 机：010-62770175　**邮　　购**：010-62786544
投稿与读者服务：010-62776969，c-service@tup.tsinghua.edu.cn
质量反馈：010-62772015，zhiliang@tup.tsinghua.edu.cn
印 刷 者：三河市君旺印装厂
装 订 者：三河市新茂装订有限公司
经　　销：全国新华书店
开　　本：160mm×230mm　**印　　张**：9.75　**字　　数**：163 千字
版　　次：2012 年 9 月第 1 版　**印　　次**：2012 年 9 月第 1 次印刷
印　　数：1～6000
定　　价：20.00 元

产品编号：048143-01

一本改变命运的书

我从小在逆境中成长，小时候放过牛，喂过猪，捡过破烂，离家读高中时，还挨过饿。小时候的我，身体不好，经常被小伙伴们欺负，他们常纠合起来孤立我，都不和我玩。我的学习成绩很不好，上高中时，数学还吃过大鸭蛋。高中毕业那年，我才意识到读书学习的重要性，但那时已经太晚了，高考总分只得了 166 分，复读后再考也只得了可怜兮兮的 200 分。

那时的我绝对没想到此生会写出十几部书，也根本没想到会出版十余张励志教育和家庭教育演讲光盘，没想到会成为一名受全国青少年和家长喜爱的励志演讲专家和家庭教育专家，更没有梦想过自己会走进中央电视台“当代教育”栏目做青少年教育专题节目，更令我不敢想象的是，我竟然真的创造了奇迹，我编著的《你也能创造奇迹》一书被国家新闻出版总署评为 2009 年度最受青少年喜爱的优秀图书，并在中央电视台“新闻联播”中推介。这些成绩在当今这个群星灿烂、英雄辈出的时代也许算不了什么，但对于当年的我来说，简直是痴人说梦般的奇迹。因为我上高中时连日记都写不出来。高中毕业以后，我入团那天，在村团支部召开的一个小会上发言时，只讲了一句就卡壳了，当时羞愧得差点钻洞了。

17 岁时，我回到了生我养我的小村庄，整天与大人们一起在烈日下劳动，挑过粪，喷过农药，日子艰苦得令我对人生几乎绝望。我一千次一万次地问自己怎么办呀？我无时无刻不在思考是选择拼搏还是选择放弃。我当然太想拼搏了，每天劳动后回家，都在念书，但怎么也念不进去，因为身体太累了，信心也特别不足，因为心里最清楚自己的学业基础有多差，想考大学无疑是白日做梦。那时我想，如果能通过关系到村小学里当个民办老师也很好呀，但这在当时也是我难圆的梦想。

怎么办？就这样一辈子挑粪，喷农药，干又重又脏的农活吗？

那时，每天在烈日下喷农药的我知道自己还有一个选择，那就是喝农药自杀。所幸的是，我始终不愿真的作出这样极其愚蠢而又懦弱的选择，不愿选择真的结束自己正处在花季的生命。我一千次地激励自己要选择拼搏。每当自己觉得实在熬不住的时候，就用名人名言来自我激励。那时最温暖我最激励我的，是毛主席的老师、著名教育家徐特立的一段朴实的名言："环境越艰难越出聪明人，因为他要改变环境。"还有著名作家柳青的一段名言："人生的道路虽然漫长，但要紧处却常常只有几步，特别是当人年轻的时候。"

每当我想选择放弃时，这两位老前辈的格言就会在我的脑海中出现。但我发现很多同龄人都早早地开始谈恋爱，选择了随波逐流。不过，我虽然没有选择随波逐流，没有放弃拼搏，但心中成才的底气还是不足，还是不相信自己在这样艰难的环境中能创造奇迹。那时的我每天都想学习，想拼搏，但总是劲头不足，信念不坚定，整天过得忧心忡忡。

其实，只要选择拼搏，即使在那样艰苦的岁月，也是会有机会的。我那时的艰难程度是现在的青少年无法想象的：没有书，没有读书的时间和空间，我只有在星期天等老师们回家后才能有机会躲在初中班主任老师的单身寝室里安静地读书。

一日，我在一个中学老师极其简陋的寝室里发现了一本很不起眼的小册子，我不经意地翻开后，其中两篇文章吸引了我，是我国著名作家徐迟和姚雪垠分别写给青少年的两封公开信。与其说是奋斗改变了我的命运，还不如说是这两篇文章直接改写了我的命运。因为自从读到那两篇饱含哲理、极富鼓舞力和教育力的文章后，我信心不足的问题彻底地解决了。我再也没有停止过奋斗的脚步。我总是不断地激励自己：无论前面的路有多长、多坎坷，我都必须鼓起勇气坚定地走下去，无论自己目前的成绩多么差，无论会遇到多少困难和挫折，我都不应该选择放弃。从此，我不再怀疑人生，不再对前途忧心忡忡。我坚信，只要全力以赴，坚持不懈地拼搏，我也能创造自己的奇迹。

从此，我十分坚定地选择了拼搏，持久地拼搏。这不是一般的选择，这是决定我的人生前途的生死抉择。那天，我毫不犹豫地将老师书桌上的那本小册子"偷"走了。后来，每当遇到困难时我总是一遍遍地品味那两篇文章，过去认为不能战胜的困难便被我一个个踩在脚下。通过三年的刻苦学习，我终于出乎所有人的意料，奇迹般地实现了自己升学的梦想。但我收获的绝不只是一张我梦寐以求的改变自己命运的录取通知书。我在拼搏过程中学到了一辈子受益不尽的东西。其实最宝贵的莫过于在成长的过程中学到自我激励、自我教育的方法和精神。

如今，我总是那样喜欢读励志文章、写励志读物，从未停下。其实，读好书是一辈子的事情，励志是一辈子的事情，自我教育是一辈子的事情，而少年时代通过读好书学好榜样，学会自我激励和自我教育当然就更加宝贵至极了。我认为自己所写的书哪怕在全国只点燃一个孩子的心灵，只改变一个孩子的命运，也值得认真地写下去。

回首自己十分艰难曲折的成长经历，我悟出一个人生真谛：一个少年在成长的关键时期选择什么样的课外读物，就选择了什么样的人生道路。如果选择读一些催人奋进的励志读物，就会坚定奋斗的信念。如果选择了黄色和暴力的低俗读物，则会一步步走向邪路。

十多年来，无数青少年和家长读过我的书，听过我的励志演讲报告，我曾耐心地帮助和引导过全国各地100多个问题少年走出泥潭，走上光明的人生道路，我也因此于2005年2月接受中央电视台“当代教育”栏目记者的专访。但令我非常遗憾的是，我的家乡一个学业成绩非常好的高中男孩戈金（化名）却错过了接受我引导的机会。他小学和初中时期学业成绩一直非常好，但进入高中后却经常偷偷读一些充满黄色暴力色彩的低俗读物，后来发展到在网吧交坏朋友，并很快走上抢劫杀人的犯罪之路。就在他出事前三天的一个晚上，他的母亲还曾通过电话向我焦急地咨询：“孩子现在没在学校，整天与几个辍学的问题少年不知泡在哪家黑网吧里，您说我该咋办？”我说：“应该尽快找回来，他这种状态很危险呀！”

令孩子的母亲万万没想到的是，三天后自己的儿子竟真的出事了，甚至成了杀人犯。她万分后悔没有及时听我的忠告。

2005年3月初，我陪同中央电视台记者去监狱采访戈金，在这之前曾捎给他《困难是我们的恩人》（2005年，湖北教育出版社出版），意在鼓励他不要就此消沉下去。我陪记者采访时特意问戈金读那部书没有。他说：“读了，三天就读完了。”我忙问有何感受，少年万分遗憾地说：“如果三个月前读到这部书，自己不仅决不会走上犯罪之路，而且完全能考上大学。”他的话令我和他一样痛苦和遗憾。

令人更加不安的是，戈金的悲剧还在许多青少年中不断地上演。

戈金的堕落让我想到了法国著名文学家小仲马曾经说过的一段话——“在人生的进口处，天真地树立着两根柱子，一根上写着这样的文字：善良之路；另一根则是这样的警告：罪恶之路。再对走到路口的人说：选择吧！”青少年正处于人生的“进口处”，选择什么样的课外读物，选择什么样的朋友，选择什么样的榜样，就等于选择了什么样的人生命运。

谈到这里，我想到了令我感受极深的两个小故事。

在以色列，一位行为学家在年轻的乞丐中搞了一次施舍活动，施舍物有3种，但每人只允许选择要其中一样东西：400新谢克尔（约合100美元）、一套西装和一盆以色列蒲公英。发人深思的是，近90%的乞丐选择了新谢克尔，近10%的乞丐选择了西装，只有百分之零点几的乞丐选择了蒲公英。

十年后，这位行为学家对当初参加施舍活动的乞丐进行了跟踪调查，调查结果为：选择要新谢克尔的乞丐，至今基本仍为乞丐；选择要西装的乞丐，大部分成了蓝领或白领；选择要蒲公英的乞丐，全部都成了富翁。针对令众人迷惑的结果，行为学家作出了如下的解释：

选择要新谢克尔的乞丐，在拿钱时心里想到的是收获，这种只想收获，不想付出的人，永远只能是乞丐。

选择要西装的乞丐，在拿西装时，心中想到的是改变。他们认为，只要改变一下自己，哪怕是稍微改变一下自己的形象，就有可能改变自己的一生。他们正是通过这种不断改变，使自己变成了蓝领或白领。

选择要蒲公英的乞丐，在拿蒲公英时，心中想到的是机遇。他们知道，选择的这种蒲公英不是一般的蒲公英，它原产于地中海东部的沙漠中。它不是按季节舒展自己的生命，如果没有雨，它们一生一世都不会开花，但是，只要有一场小雨，不论这场雨多么小，也不论在什么时候下，它们都会抓住这难得的机会，迅速推出自己的花朵，并在雨水蒸发干之前做完受孕、结籽、传播等所有的事情。以色列人常把它送给拥有智慧的穷人，他们认为，在这个世界上，穷人和沙漠里的蒲公英一样，发展自己的机会极少，但只要拥有蒲公英一样的品格，在机会来临之际，果断地抓住，同样会成为一个富裕和了不起的人。

另一个故事讲的是发生在咱们中国家庭的事儿，带着醇厚的中国泥土味——

有一个不求上进的少年，中学没念完就想到社会上去闯荡，为此他惴惴不安。临行前，少年来看望他的爷爷，希望爷爷能给他一些忠告。

爷爷眼看，自己的孙儿在人生最关键时刻要放弃学业，心里很难过，却没有批评他。

爷爷说："我的菜地很久没有施肥了，你今天来得正好，帮我抬一桶大粪到菜地吧。"

太臭了，少年简直受不了这股气味。难怪，爷爷把它放在茅坑边上。

干完活，爷爷找出一只水桶，对少年人说："你再给我抬几桶水吧。"

从爷爷的家到河边有一二里路，抬一桶水还真不容易。少年将水倒进灶头的水缸时，却发现缸里的水满满的。爷爷并不是缺水，而是想留他吃了饭再走。

吃饭时,爷爷叫少年把床边上的酒桶拿来。揭了桶盖,掀开满桶的棉絮，从中取出那把酒壶，给爷爷斟了一碗，少年自己也斟了一碗。黄酒温温的，入口好香啊!

午饭后，送少年到路口时，爷爷说："这三只桶，我是用同一棵树上的木头做成的，新的时候一模一样，后来，装酒的就成了酒桶，装水的就成了水桶，装粪的就成了粪桶。你还那么年轻就不想认真念书了，一个人到外边去闯，我的确很放心不下，其实每个少年都像是一只桶，但我不知道你会选择做哪只桶？你是否应三思后再选择呢？这可是决定你一生命运的选择呀！"

听了爷爷的这番话，少年内心感到了强烈地震撼。经过几天的思想斗争，最终选择了回学校去认真念书。

这两个故事是我在同一个晚上看到的，的确令我感受颇多，因此，我特意推荐给我的女儿读，没想到她读了第二个故事时竟哈哈大笑。她看书时从未大笑过。看来她是被深深打动了。而我却没有笑，但我想到了许多。我很自然地想到了自己的成长经历，想到了自己17岁那年改变自己命运的一次选择，想到了自己少年时代那段挑粪担水的痛苦而又宝贵的经历，想到了一定要把这两个故事写进我的这本书里，想到了我国成千上万正处在人生关键时期的青少年朋友。教育好他们，激励他们奋发向上，努力拼搏，引导他们读好书，学好榜样，选择正确的成长之路，引导他们通过读好书，学好榜样学会自我教育和自我激励，这不仅关系到千千万万孩子的命运，关系到千千万万家庭的幸福，同时也关系到祖国的前途和命运。

青少年朋友，你正处在人生的紧要关头，面临着种种人生抉择，选择

做哪一只“桶”，选择哪一种人生前途，既取决于自己，有时候也取决于长辈的引导，取决于某一篇好文章或一个好榜样，或一部好书。

十多年来，我最爱做的工作莫过于研究青少年励志教育。这当然与我少年时代的人生抉择有很大关系。我坚信，对成长中的青少年来说，最重要的教育莫过于学会用好榜样激励自己。列宁说：“榜样的力量是无穷的。”培根说：“用伟大人物的事迹激励青少年，远远胜过一切教育。”托尔斯泰说：“全部教育，或者说千分之九百九十九的教育都归结到榜样上。”我始终坚信，给青少年一部好书、一些好榜样，他们能征服任何一座高山。家长如果能将好榜样送给孩子，远远胜过送亿万家产。

怎样找到好榜样？怎样像好榜样们那样去奋斗、去拼搏？这正是这本书始终都在着力解决的问题。

青少年在拼搏的过程中，选择读什么样的书，学什么样的好榜样是至关重要的。因此，我不能不认真地问一下：为了不虚度青春年华，你愿意在青少年时代作出何种选择呢？选择自己可学可比的好榜样，激励自己努力拼搏，做最好的自己，创造自己的奇迹，难道不是一个少年最好的选择吗？想当年，我在希望极其渺茫，条件又极其艰难的情况下尚且能创造一个个属于自己的奇迹，你今天对自己的巨大潜能难道还有什么值得怀疑的呢？你难道不应果断作出抉择吗？

为了改变自己的命运，为了创造美好的人生，现在就选择吧，朋友！现在不搏，更待何时？

该书 2009 年在湖北少儿出版社出版后社会反响甚好，被央视及相关媒体争相报道。因与湖北少儿出版社的合同到期，今在前版基础上修改弥补不足，再与清华大学出版社合作，为青少年朋友提供指路明灯。

汪传华
2012 年 4 月

目录

一、只有战胜自己，才能改变命运

1. 只有战胜自己，才能战胜苦难

在人生漫漫长路上，我们不可能总是一帆风顺，苦难常常会来考验我们的意志和磨炼我们的筋骨。面对苦难，从来只有两种选择，要么在苦难面前唉声叹气、怨天尤人成为生活的弱者；要么在苦难面前顽强地抗争，战胜苦难，成为命运的主人。有道是，种豆得豆，种瓜得瓜。智者总是在苦难面前选择抗争，把苦难当作自尊自强的机遇，并全力以赴地去实现自己心中的梦想。

从 1928 年阿姆斯特丹奥运会开始，女选手才被允许参加奥运会田径比赛。在这一届奥运会上，美国选手伊丽莎白・鲁宾孙以 12 秒 2 的成绩获得女子 100 米比赛金牌，并成为奥运会历史上首个女子田径冠军。

1931 年，伊丽莎白・鲁宾孙在一次飞机事故中严重受伤，第一个发现她的人还以为她已经死了，将她装在后备箱里直接送到了殡仪馆。整整 7 个星期，伊丽莎白・鲁宾孙处于昏迷状态；随后的两年，她不能正常走路……虽然她大难不死，但也受到严重的伤害：脑震荡、断了 1 条腿、手骨折、前额被划开一道伤口。伊丽莎白・鲁宾孙没有向巨大的苦难低头，她仍然重返短跑赛场，但是她的膝盖再也不能弯曲了，所以她无法再采取蹲踞式起跑的姿势。不过，她还能跑接力。

于是，她克服了常人难以想象的困难，奇迹般地参加了1936年在德国柏林举行的奥运会，这次她又与队友一起夺得4×100米接力金牌。

奥运冠军伊丽莎白·鲁宾孙在苦难面前表现出来的超人气魄印证世界著名文豪巴尔扎克的一段名言——世界上任何事物永远不是绝对的，结果完全因人而异。苦难对于天才是一块垫脚石，对于能干的人是一笔财富，对于弱者是一个万丈深渊。

既然苦难已经降临，害怕、抱怨、消沉都是很错误的选择。伊丽莎白·鲁宾孙对待苦难的态度却令人震撼和敬佩至极。

什么是人们心目中的青少年楷模，这个问题的答案千奇百怪，然而在当今美国，却有一种传统性的形象，得到大多数人的认可。

18岁的约翰·汤姆森是一位美国高中生。他住在北达科他州的一个农场，1992年1月11日，他独自在父亲的农场里干活，当他在操作机器时，不慎在冰上滑倒了，他的衣袖绞在机器里，两只手臂被切断。

汤姆森忍着剧痛跑了400米来到一座屋子里，他用牙齿打开门拴，他爬到了电话机旁边，但是无法拨通号码。于是，他用嘴咬一支铅笔，一下一下地拨动，终于拨通了表兄的电话，他表兄马上通知了附近有关部门。

明尼阿波利斯的一所医院为汤姆森进行了断肢再植手术，他住了一个半月医院，便回到北达科他州自己的家里。他的家人和朋友都为他感到自豪。

人们除了佩服汤姆森的勇气和忍耐力以外，还有一种独立精神，他一个人在农场操作机器，出了事故顽强自救。

汤姆森的故事里还有这样一个细节：他把断臂伸在浴盆里，为了不让血白白地流走。当救护人员赶到时，他被抬上担架，临走前，他冷静地告诉医生："不要忘了把我的手臂带上。"

最能感动人的故事，莫过于那些在苦难面前自立自强者的故事；最能体现一个人的尊严和骨气的，也是在苦难面前自立自强的精神。

生活是公平的，它在让我们遭受苦难的时候，往往同时准备了一些丰厚的礼物。

世界著名小提琴家帕格尼尼就是一位同时接受两项馈赠又善于用苦难的琴弦把天才演奏到极致的人。

他首先是一位苦难者。4岁时一场麻疹和强直性昏厥症，已使他快入棺材。他7岁患上严重肺炎，不得不大量放血治疗。46岁时，他的牙床突然长满脓疮，只好拔掉几乎所有牙齿。牙病刚愈，又染上可怕的眼疾，幼小的儿子成了他手中的拐杖。50岁后，关节炎、肠道炎、喉结核等多种疾病吞噬着他的肌体。后来声带也坏了，靠儿子按口型翻译他的思想。他仅活到57岁，就口吐鲜血而亡。死后尸体也备受磨难，先后搬迁了8次。上帝搭配给他的苦难实在太残酷无情了。但他似乎觉得这还不够深重，又给生活设置了各种障碍和旋涡。他长期把自己囚禁起来，每天练琴10至12小时，忘记饥饿和死亡。13岁起，他就周游各地，过着流浪生活，他一生和3个女人发生过感情纠葛。在他眼中这也不是爱情，而只是他练琴的教场。除了儿子和小提琴，他几乎没有一个其他的亲人。苦难才是他的情人，他把她拥抱得那么热烈而悲壮。

他其次才是一位天才。3岁学琴，12岁就举办首场音乐会，并一举成功，轰动音乐界，之后他的琴声遍及法、意、奥、德、英、捷等国。

他在意大利巡回演出产生神奇效果，人们到处传说他是魔鬼暗授妖术，所以他的琴声才魔力无穷。维也纳一位盲人听他的琴声，以为是乐队演奏，当得知台上只有他一人时，大叫“他是个魔鬼”，随之匆忙逃走了。巴黎人为他的琴声陶醉，早忘记正在流行的严重霍乱，演奏会依然场场爆满……

他不但用独特的指法弓法和充满魔力的旋律征服了整个欧洲和世界，而且发展了指挥艺术，创作出《随想曲》、《无穷动》、《女妖舞》和6部小提琴协奏曲及许多吉他演奏曲。几乎欧洲所有文学艺术大师如大仲马、巴尔扎克、肖邦、司汤达等都听过他的演奏并为之感动。音乐评论家勃拉兹称他是“操琴弓的魔术师”。

歌德评价他“在琴弦上展现了火一样的灵魂”。李斯特大喊：“天啊，在这四根琴弦上包含着多少苦难、痛苦和受到残害的生灵啊！”

上帝创造天才的方式便是这般独特和不可思议。

人们不禁问，是苦难成就了天才，还是天才特别热爱苦难？但人们分明知道，弥尔顿、贝多芬和帕格尼尼被称为世界文艺史上三大怪杰，居然一个成了瞎子，一个成了聋子，一个成了哑巴！

苦难是最好的大学，当然，你必须首先不被其击倒，必须把苦难当做自尊自强的机遇，然后才能成就自己。

曾两次获得诺贝尔奖的法国科学家居里夫人说：“我从来不曾有过幸运，将来也永远不指望幸运，我的最高原则是：无论对任何困难都决不屈服！”

当今中国，也不乏在苦难面前决不屈服的青年楷模。洪战辉就是其中最优秀的代表之一。

洪战辉生于1982年，在12岁之前，他的生活和其他孩子一样，父亲、母亲、弟弟、妹妹，一家五口过着清贫但幸福的生活。

但是，1994年8月的一天，不幸的事情发生了。

那天，一向慈祥的父亲突然无缘无故发起火来，他砸碎了家里所有的东西，正当洪战辉和弟弟洪锦辉吓得不知所措的时候，父亲突然举起年幼的小女儿，并一脚踹开过来抢夺的母亲，把小女儿狠狠地摔在地上。

父亲疯了！妹妹死了！母亲骨折了！这一天，洪战辉的生活一下子失去了色彩，洪战辉趴在母亲身上号啕大哭。

在周围人的帮助下，父亲和母亲都被送进了医院。从此，12岁的洪战辉担负起了全家人的生活重担。他要在医院、学校和家之间来回奔跑，既要照顾父母，也要照顾年幼的弟弟。

3个月后，母亲出院了，父亲的间歇性精神病也得到了控制。

但是，没多久，父亲又捡回了一个无名弃婴。因为思念被摔死的女儿，洪战辉的母亲决定收养这个女婴。

父亲的病情经常间歇性地发作，发作时常常把洪战辉的母亲打得伤痕累累，母亲受不了父亲的折磨，离开了这个家。

从此，养育小妹妹的重任落在了洪战辉的身上。

就是在这种困难的环境中，洪战辉不仅要照顾父亲，抚养妹妹，而且要发奋读书，考上大学。

在大学读书期间，洪战辉把年幼的妹妹带在身边，一边读书，一边照顾妹妹。

面对这些常人无法想象的苦难，洪战辉没有怨天尤人，也没有自暴自弃。他自强自立，用顽强的精神克服了重重困难，还把妹妹送进了学校学习。

后来，洪战辉的事迹被媒体报道后，许多人都想资助他。洪战辉被共青团中央授予"全国自立自强优秀大学生"荣誉称号，同时获得4000元奖金。但是，洪战辉只收下了奖状，却没有收奖金。

在致新浪网友的公开信中，他这样写道：

"关于为我捐款的事，我的态度是，我绝不会在网上和媒体上公布自己的账号，也请大家务必注意，去年就有人冒充我的老师，以我的名义在网上公布捐款账号，我看到后非常生气，还报了警，请大家看到这样的捐款账号后，不要相信。

不接受捐款，是因为我觉得一个人自立、自强才是最重要的！苦难和痛苦的经历并不是我接受一切捐助的资本！一个人通过自己的奋斗改变自己劣势的现状才是最重要的！我现在已经具备生存和发展的能力！这个社会还有很多处于艰难中而又无力挣扎出来的人们！他们才是我们现在需要帮助的！”

洪战辉的弟弟洪锦辉这样评价哥哥：“哥哥之所以能坚持，靠的是一种精神，这种精神就是自立、自强，从不向苦难低头。”

洪战辉坚强不屈的意志感动了亿万中国人，他被评选为2005年度“感动中国”的年度新闻人物。中央电视台2005年《感动中国》颁奖晚会为他宣读了这样的颁奖词：“当他还是一个孩子的时候，就对另一个更弱小的孩子担起了责任，就要撑起困境中的家庭，就要学会友善、勇敢和坚强，生活让他过早开始收获，他由此从男孩开始变成了苦难打不倒的男子汉，在贫困中求学，在艰辛中自强，今天他看起来依然文弱，但是在精神上，他从来都是强者。”

洪战辉说：“我想告诉那些在苦难中挣扎的人们，要保持一种平和的心态，不要怨天尤人，最重要的是你怎么去改变你自己。只有这样，才能战胜苦难。”

他在自己的日记中写道：“当苦难的余烟叹息着向我扑来时，我依然执著地展开理想的翅膀，在辽阔的天空中写下：相信自己。我要用手指向那涌在天边的排浪，我要用手掌托起太阳、大海。我要用孩子的笔写下：相信未来。”

朋友，你曾经或者正在遭受苦难吗？你是怎样面对苦难的？我们是不是可以将自己的所谓的苦难与洪战辉、帕格尼尼等人的苦难比一比？是否可以把自己在苦难面前所表现出的进取精神与他们比一比？

如果我们能像美国奥运冠军伊丽莎白·鲁宾孙、小提琴家帕格尼尼和中国青年洪战辉等人那样面对苦难，我们终究会发现，苦难不仅并不可怕，反而是最能无私帮助我们的恩人。是苦难磨炼了我们的意志和筋骨，是苦难使我们强大起来。

好榜样洪战辉为你领航

1. 如果苦难已经降临到你的身上，你就应该辩证地看待它。它既是一种灾难，同时也是你磨炼意志、锻炼才干的机遇。

2. 在苦难面前保持镇静的心态和勇敢的精神，要警惕自己被苦难吓倒。

3. 不断激励自己战胜苦难。在与苦难搏斗的过程中，必须不断自我激励。

4. 以奥运冠军伊丽莎白·鲁宾孙等人为榜样，每当你觉得在苦难面前快挺不住的时候，你不妨静下心来读读他们的事迹，学习他们的精神。这样会使你信心倍增。

5. 尽量参加体育锻炼，增强体魄，磨炼意志。没有强健的体魄和坚韧不拔的意志是很难战胜苦难的。

6. 做好打持久战的心理准备。在苦难面前不要急于求成，要以平静的心态与苦难打持久战。

7. 制定目标，树立远大理想。没有理想的人是很容易被苦难击倒的，因此，必须用理想激励自己战胜苦难。

8. 只要在苦难面前咬紧牙关，奋力拼搏，化悲痛为力量，就一定能够创造自己人生的奇迹，做自己的奥运冠军。

2. 只有正视缺陷，才能超越自我

芸芸众生，必会有人先天缺陷。有的人天生个儿不高，有的人先天嗓子不好，有的人有先天残疾等。

面对先天的缺陷，有人怨天尤人，有人消极厌世，有人自卑、自我封闭等。毫无疑问，这都不应该是对待人生先天缺陷的正确态度。

那么，我们应该怎么办？

邓亚萍可谓是当今世界最杰出的女乒乓球运动员。可是，谁曾想到，邓亚萍上小学二年级时，已当上河南省少体冠军的她与父亲兴冲冲地来到省集训队时，碰到的却是教练失望和惋惜的目光：身材太矮，无发展前途。

但邓亚萍没有气馁。父亲告诉她，个子矮，手臂短这个先天缺陷无法改变，只有比别人多受累，多吃苦，下工夫练出自己的特长和优势，才会有出路。

邓亚萍没有辜负父亲的教诲。1987 年，13 岁的邓亚萍代表郑州市参加全国乒乓球比赛，居然夺回个冠军。

可是，邓亚萍 1988 年进入国家队时，有些教练还是对她不屑一顾，嫌她身材矮小，甚至认为她根本就不是打乒乓球的料。然而，邓亚萍没有自卑和消极，而是凭自己飞速提高的球艺及创造的成绩令那些教练哑口无言。仅仅在一年之后，邓亚萍就与其搭档乔红在世乒赛中获得女子双打冠军，从此便一发不可收拾，先后获得十多次世界冠军头衔，并在 1992 年和1996年两届奥运会上分别获得女子单、双打冠军，共获得4枚奥运金牌，成为世界上唯一的一位蝉联奥运乒乓球冠军的运动员，并在世界乒坛运动员名单上连续八年排名第一。个头矮小的邓亚萍，她的赫赫大名却威震四方，成为当代世界乒坛最杰出的运动巨星之一。

是什么使先天不足的矮个子邓亚萍在如此短的时间内就成为世界乒坛巨人？是行动力，是决不服输的拼搏精神。训练时，教练最常给的指示不是"要多练"，而是"要注意休息，别练过了"。邓亚萍的训练量要超过正常运动员很多。平时，队里规定上午练到11点，她给自己延长到11点45分；下午训练到6点，她练到6点45分或7点45分；封闭训练点晚上规定练到9点，她练到11点多。一筐200多个训练用球，邓亚萍一天要打掉10多筐，练一组球的脚步移动，相当于跑一次400米，邓亚萍的一堂训练课，相当于跑一次一万米，这还没算上数千次的挥拍动作。有人做过统计，邓亚萍平均每天加练40分钟，一年就比别人多练40天。

练全台单面攻，她腿绑沙袋，面对两位男陪练左奔右突，一打就是两个小时。多球训练，教练将球连珠炮般打来，她瞪大眼睛，一丝不苟地接球，一口气打1000多个。教练曾经做过统计，她一天要打1万多个球。邓亚萍每天练球，都要带两套衣服、鞋袜，湿了再换一套。一节训练课下来，汗水浸透了衣服、鞋袜，有时连地板也浸湿一片，不得不换衣服、鞋袜，甚至换球台再练。她经常因为训练错过吃饭的时间，有时食堂会为她专设"晚灶"，很多时候她只能用方便面对付一下。

扬长避短，自强不息，才能变劣势为优势，变不合适为合适。独具慧眼的国家队教练张燮林对邓亚萍自有一番评价：别看她个子矮，但也有优势，从她的眼睛里看出去，对方打过来的球，总是在高处，总可以扣杀。这样，别人一般处理的球，她就会处理得不一般。几乎每个球都敢起板扣杀。

有人说，她从没"玩"过一个球，无论训练还是比赛，球一到她手里，她总是两眼瞪得圆圆的，全神贯注地揣摩着，将乒乓球发出的每一个声响，每一下旋律都融进她的心灵。她愿意和所有的人练球，无论男队员、女队员，国家队的或是青年队的。她说每个人都有特点，都有长处，她要兼收并蓄。

先天缺陷的背后常常隐藏着巨大的潜能。对自己的劣势，邓亚萍很小的时候就有深刻体会。那时有人嘲讽说：郑州队就会捡"垃圾"。她气得用球拍乱砍球台。后来，她明白，生气没有用，要用行动来抗争。她说："我太知道自己的弱点了，个子小，不受重视，这就激励我要拼搏，要打好每一场球。"

长时间进行大运动量、高强度训练，给她带来金牌的同时也给她带来了“副产品”——伤病。在征战第44届世乒赛时，从颈部到脚，她身体的许多部位都有伤病。为对付腰肌劳损，她不得不系上宽宽的护腰；膝关节脂肪垫肿、踝关节几乎长满了骨刺，平时忍着，痛得太厉害了打一针封闭；脚底磨出血泡，挑破裹上纱布再上，伤口感染，挤出脓血接着打，每场比赛，她都要咬紧牙关战胜自己。

邓亚萍说：“一个人追求的目标越高，他的才能就发展得越快。但我也深深懂得，要在比赛时打败对手，必须从一板一球做起。只有脚踏实地，抓牢今天，才能把握明天。”

一点一滴的积累，超人的付出，使她的球艺和战术不断升华，于是，邓亚萍这个矮个子理所当然地站在了世界乒乓球运动的巅峰。尽管有时在夺冠之后，邓亚萍也会情不自禁地说：“太苦了！”但这是每个成功者的共同感受，因为没有超人的付出，就没有惊人的收获。

邓亚萍身高1.50米，却一次次自豪地站在世界冠军的领奖台上。古往今来，谁以身高论英雄？又有谁以身高成英雄？其实，每个人的面前都是“条条道路通罗马”，需要的只是能清醒地认准目标的眼睛，能踏平坎坷的脚板和自强不息的心灵。

法国散文家蒙田指出：“每个人都有缺陷，只有正视缺陷才能改正缺陷、战胜缺陷。最不幸的是因缺陷而轻蔑自己。”

如果邓亚萍当年在自身的缺陷面前怨天尤人，自暴自弃，如果她在教练的轻蔑声中就此放弃拼搏，世界乒坛上就会少一个“小个子巨人”，而生活中就会多一个弱者。

邓亚萍对待人生先天缺陷的态度实在令人深思，令人敬佩。只要有邓亚萍这样的态度和奋斗精神，我们还有什么必要对自己的先天缺陷有丝毫的自卑和担忧呢？

大千世界，茫茫人海，每个人都与别人不一样。其实，不一样的地方并不一定是缺陷。有时候如果站在不同的角度去看，缺陷就是自身的特点。只要学会利用自身特点，就能够获得别人意想不到的成功。

下面我们再来看看另一个人是怎样战胜先天巨大缺陷的。

约翰的父亲在医院第一眼看到刚出世的儿子时，心都碎了——小家伙只有可口可乐罐子那么大，腿是畸形的，而且没有肛门，躺在观察室里奄奄一息，医生断言，这孩子几乎不可能活过24个小时！

悲伤的父亲回去给孩子准备好小衣服、小棺材、小墓地后，回到医院却发现儿子居然还活着。可医生又接着说孩子不可能活过一周。然而，小家伙挣扎着，活过了一周，又是一周……孩子顽强地活了下来。父亲将他带回家，取名约翰·库缇斯。

小约翰实在太小了，周围的一切对他来说都像庞然大物。胆怯的他对任何比他大的东西都充满恐惧，尤其是家里的狗经常欺负他。然而，家人并未因为他的恐惧而给他多几分关爱。相反，父亲经常对他说："你必须自己面对一切恐惧，勇敢起来！"

时光飞逝，小约翰上学了。当他背起比他个头还大的书包、坐在轮椅上开始憧憬新生活时，他压根也没有想到迎接自己的却是噩梦般的日子。

学校里有很多调皮的学生，个头矮小的约翰几乎成了他们的玩偶。他们掀翻他的轮椅，弄坏他轮椅上的刹车，甚至把他绑在教室的吊扇上随扇叶一起转动。最恶劣的一次是，几个同学用绳子绑住他的手，用胶纸封住他的嘴，把他扔进垃圾箱里，随后在垃圾箱外点起了火；滚滚浓烟令约翰窒息，他恐惧极了，瘦小的身体拼命挣扎，直到一位老师将他解救出来。

约翰终于无法忍受了。回到家，望着镜中的自己，想着自己一次次被折磨、被侮辱的遭遇，他放声大哭。他想到了自杀，但他还是舍不得疼爱他的双亲。

1987年，17岁的约翰做了腿部的切除手术。因为那两条从来也没有派上过用场的畸形的腿像尾巴一样翘起来，行动非常不方便。约翰成了"半个人"，但行动自如些了。

高中毕业后，约翰决定给自己找个工作。每天早晨，他爬在滑板上，敲开一家又一家的店门，问店主是否愿意雇用他。可等人家打开门时，根本就没有发现趴在地上的约翰，就又把门关上了。

经过千百次应聘失败，约翰终于在一家杂货铺找到了自己的第一份工作。后来他又做过销售员、技术工人，还在一个仪表公司拧过螺丝钉。他每天凌晨4点半起床，赶火车到镇上，然后爬上他的滑板，从车站赶到几千米外的工厂。尽管生活艰辛，但是能够自食其力，约翰勇敢而快乐地活着。

一次偶然的公开演讲，给约翰带来了全新的人生。

在一次午餐会上，约翰应邀对自己的经历做简短的演讲。"我一定要把最勇敢的一面呈现给观众！"约翰告诉自己。演讲结束后，他的经历和现状让现场观众热泪盈眶，他赢得了热烈的掌声。一个女生跑到台上，哭着告诉约翰，她非常不幸，正准备自杀，身上还带着手枪，听了他的演讲后，她要好好地活下去。这时，约翰忽然清晰地发现，到讲台上去，讲出自己经历的恐惧和忧伤，讲出自己的挣扎和拼搏，给他人以启迪，这是一件非常重要的事情。他尽自己所能去做自己想做的事情，开车出游、健身、游泳，到世界各地演讲，过着和健全人差不多的生活。

2000 年，约翰结婚了，还有了一个儿子克莱顿。约翰很爱他的儿子克莱顿，尽管克莱顿有自闭症、肌肉萎缩症、大脑内膜破损、心肌功能障碍等病症，他依然坚持说："我的儿子将来一定会成为最棒的人！"

如今的约翰已是澳大利亚家喻户晓的人物。回首往事，约翰说道："这个世界充满了伤痛和苦难。有的人在烦恼，有的人在哭泣。面对命运，人应当拥抱痛苦笑对人生，而不只是抱怨和叹息。任何苦难都必须勇敢面对，如果赢了，则赢了；如果输了，就是输了。一切都有可能，永远都不要说不可能。"

约翰有句名言："别对自己说不可能。"正是因为有这种信念，他可以开着经过改装的汽车周游世界，可以去潜水，可以大胆地追求自己的爱情，并赢得幸福和尊敬。约翰去过约 190 个国家演讲，南非前总统曼德拉曾接见过他。他的演讲震撼人心，催人奋进。他被誉为世界最著名的励志大师。

不必再举什么例子了，从上述各位好榜样的人生经历中，你一定懂得了许多。

先天缺陷并不是我们哀叹人生的理由。世界上没有人愿意听弱者的哀叹。奥运冠军邓亚萍和激励大师约翰等给我们留下了太多的思考。想想他们的人生经历，我们还有什么必要抱怨自己的先天缺陷呢？让我们牢记美国前总统罗斯福的话吧："记住，即使你有什么缺陷，只要你不承认自己有自卑感，谁都没有办法使你有自卑感。"

如果能牢记美国总统的这段至理名言，如果能像邓亚萍等人那样扬长避短，奋力拼搏，挖掘出缺陷背后隐藏的巨大能量，最终，你会十分感谢缺陷，正是它给了你动力和志气。

好榜样邓亚萍为你领航

1. 既然缺陷是与生俱来的，就不必太在意。因为你越在意它，受到的伤害就越大。

2. 不要因为缺陷而自卑，而要用志气、信念和毅力去弥补缺陷带来的不足。要坚信不幸的背后往往隐藏着数倍幸运的种子，先天缺陷能激活你巨大的潜能。

3. 像邓亚萍那样，用行动、用不屈的精神回答命运对你的不公正待遇，让任何人都不敢小瞧你。

4. 发挥优势，扬长避短，全力拼搏，干一番属于自己的事业，做一个自己快乐并给别人带来快乐的人。

5. 每天都激励自己坚定信心，战胜先天不足，创造自己的奇迹，做自己的奥运冠军。

3. 决不服输，永远也不服输

当今世界是一个充满激烈竞争的世界。有的青少年在竞争中被淘汰或远远落后于别人时，总是习惯于放弃，习惯于甘拜下风。这样的性格对人的成长是十分不利的。

其实，很多奥运冠军的成长经历并非一帆风顺，即使像乔丹这样的世界超级巨星，少年时代也曾品尝过被淘汰的耻辱。我认为全世界每一位正在忍受落后和被淘汰的屈辱者，都应该了解一下乔丹少年时代那段被中学篮球队淘汰的历史。

乔丹在读高中二年级时，不但不被看好有篮球方面的天赋，而且还在校队裁员时被篮球队淘汰，原因是他个头不够高。当时只有 1.75 米的乔丹，被认为今后在篮球界似乎不会有太好的前途。这也许是世界篮球历史上最大的一个错误。如果乔丹就此消沉，也许今天世界上就少了这样一位篮球巨人。这位两届奥运会篮球金牌得主回忆说："不能成为校队成员是令人很尴尬的事情。校队的名单被张贴在外面很长很长一段时间，这个名单上却没有我的名字，而另一个根本就不如我的队员名字却在上面，我记得我当时简直快要崩溃了。"然而乔丹并没有因此而气馁，也没有怨天尤人，这反而成为鞭策他奋进的动力。

他去问教练为什么自己没有被录取，教练说："第一，你的身高不够；第二，你的技术太嫩了，你以后不可能进大学打篮球。"他对教练说："你让我在这个球队练球，我愿意帮所有的球员拎球袋，帮他们擦汗，我不要求上场，我只求让我跟球队练球，能有跟他们切磋球技的机会。"教练看到这个孩子这么想成功，就答应了他的要求。比赛一完，乔丹真的去为别的球员擦汗。

全世界最伟大的篮球明星就是这样从跑龙套开始走向奇迹的。

有一天，早上8点的时候，清洁工去球场整理场地，看到一个黑人球员躺在地上，就把他叫醒了。这个黑人说："哦，我叫迈克尔·乔丹，我昨天晚上在这里练球太累了，睡在了球场里面。"人们才知道迈克尔·乔丹不止跟球队一起练球，球队练完后他还一个人练，以至于累得睡在球场里面。

在整个夏天，他以更刻苦的训练来回应校队不公平的决定。他本来除了打篮球之外，还参加了橄榄球队和棒球队，后来他集中更多的精力从事篮球训练。每天早上上课之前，他都要到学校的篮球教练那里去练习。乔丹在球场上不停地练球，一练就是好几个小时，当他什么时候感到疲倦了，想要休息一下的时候，眼前就浮现出那张没有他名字的篮球队名单，激发他不停地练下去。

乔丹后来的主教练是这样评价他的："乔丹刚到联盟的时候，充其量是一个进攻型的篮球选手，那时他连投篮都没有达到专业水准。但是，他将淡季和休息时间都用来锻炼体质和练球，每天要练习好几百次投篮，最后他终于练成了盖世的三步上篮高手。"由此可知,乔丹的优秀并非天生的，是勤奋和决不服输的精神使他练就成世界运动界一颗璀璨的明星。

乔丹共参加过15季常规美国职业篮球联赛（NBA），以平均每场球赛30.12分的优异战绩（超越了他的前辈威尔特·张伯伦30.06分的最高分），创造了NBA历史上的最高纪录。他为芝加哥公牛队赢得过六场NBA的锦标赛冠军，在这期间，他还获得了六次NBA总决赛最优秀选手奖，10次高分头衔，5次联盟最优秀运动员称号，他还在1996年和1998年两次在常规季节赛、总决赛和全美明星（棒球）竞赛中获得3项最优秀运动员的桂冠。他所在的篮球队在NBA联赛中曾经有10次排名第一，9次荣获防御第一，并获得3次断球第一。综观乔丹在篮球队所获得的荣誉和创造的显赫成绩，不得不令所有的人都为之折服。毫无疑问，迈克尔·乔丹是有史以来世界上最伟大的篮球运动员。自从1983年以来，他已经有49次被选为《运动画报》（Sports Illustrated）杂志的封面人物，并获得该杂志提名的1991年"年度运动家"的荣誉。他同时还有9次被《撞车杂志》（棒球杂志）选为封面人物,包括这个杂志的50周年和100周年专刊封面。1999年，他被美国有线电视网体育节目（ESPN）选拔列入20世纪世界上最伟大的100名运动员行列，并在美联社的世纪最佳运动员名单中排名第二，仅次于贝布·路斯（Babe Ruth，棒球运动员）。在1984年，乔丹首次作为美国大学篮球代表队的队员参加了奥运会的篮球竞赛，作为球队的主力队员，乔丹以个人平均得分17.1分的成绩，带领美国男篮队赢得了这届奥运会的篮球金牌。1992 年当奥运会允许职业篮球队参加比赛时，乔丹作为美国派出的“梦之队”篮球队员之一，为美国队再立新功，蝉联了奥运会的篮球金牌。

乔丹不仅在比赛场上才华横溢、熠熠生辉，他还是在他那一代运动员中，最成功和有效地涉足市场和商界的一位运动员。乔丹除了每年从公牛队拿到数百万美元年薪外，还担当许多世界著名产品的代言人。当他 1988 年第一次在麦片的广告上出现，并成为其商品代言人以来，耐克、可口可乐、佳得乐、汉斯、麦当劳和雪佛兰……接踵而来，他陆续成为这些跨国公司的代言人和广告人。尤其是耐克专门设计了一款带有乔丹亲笔签名的“飞人乔丹运动鞋”，当时对于乔丹运动鞋的需求量之大超出想象，甚至会有人为了运动鞋去持枪抢劫。这一款运动鞋也成为耐克的真正成名作。后来，耐克将这款鞋转换成了“乔丹”品牌，许多篮球界的明星都为这个品牌签名，其分支部门扩展到棒球、橄榄球、拳击，甚至爵士乐的著名音乐家等。这个品牌后来还成为北卡罗来纳、辛辛那提、圣约翰乔治镇等一些大学的体育项目赞助商。从 1991 年开始，乔丹首次在美国国家广播电台清晨卡通片的《居前明星》节目中出现，帮助少年儿童抵制犯罪活动。随后在他第一次宣布退役期间，又在一些其他卡通片、体育节目和商业广告上出现。在乔丹宣布第二次退役之后，他在 1999 年创立了“最优秀选手”网站，后来在 2001 年转让给了哥伦比亚广播电视台的运动在线。多年来，乔丹还作为雀巢公司的真人吉祥物，一直出现在雀巢的产品和广告上。

亲爱的读者，当你在艳羡乔丹的崇高荣誉和辉煌人生的时候，你千万不要忘记：乔丹也曾经落后于人，也有过被淘汰的屈辱。他当初和你我一样，也来自于社会的底层，也是从零开始的。

当你正在忍受屈辱的时候，当你一次次落后于人的时候，当你觉得人生没有意义，前途毫无希望的时候，请记住：你最需要的不是放弃，不是怨天尤人，因为那样有百害而无一利。这时候你最需要做的是用奥运冠军乔丹决不服输的精神激励自己，一千次地激励自己，只要你这样做了，你也一定能创造自己的奇迹，一定能做最好的自己，成为自己的奥运冠军。一定！

1948 年，牛津大学举办了一个叫“成功秘诀”的讲座，邀请当时声誉登峰造极的伟人丘吉尔来演讲。3 个月前，媒体就开始炒作，各界人士引颈等待，翘首以盼。这一天终于到了，会场上人山人海、水泄不通，全世界各大新闻媒体都到齐了。人们准备洗耳恭听这位政治家、外交家、文学家（诺贝尔文学奖得主）的成功秘诀。

丘吉尔用手势止住大家雷鸣般的掌声后说："我有三个成功秘诀：第一是决不放弃；第二是决不、决不放弃；第三是决不、决不、决不放弃！我的演讲结束了。"

说完他就走下了讲台。

会场上沉寂了一分钟后，突然爆发出热烈的掌声，经久不息。

是啊，成功的秘诀就是如此简单。在这个世界上，无论是奥运冠军还是政坛巨星，无论是科学家还是其他行业的佼佼者，真正成功的秘诀都是相通的，那就是决不放弃。

美国前总统柯立芝在其人生回忆录中感叹道："世界上没有一样东西可以取代百折不挠、永不放弃的战斗精神。才能不可以——怀才不遇者比比皆是，一事无成的天才也到处可见；教育也不可以——世界上充斥着学而无用、学非所用的人。只有具备了百折不挠、永不放弃的战斗精神，一个人才能无往而不胜。"

正是这种决不服输，百折不挠、永不放弃的战斗精神使许许多多成功者取得了最后的成功。因为他们始终坚信：没有什么是不可能的，只要百折不挠、永不放弃，只要有永远也不服输的精神，就一定能天遂人愿，取得成功。没有失败，只有放弃，不放弃就不会失败。**失败是对韧性和意志的最后考验，它或者把一个人击得粉碎，或者使他更坚强，更成功！**

我多年来总是坚定地认为，人，什么都可以缺，但千万不能缺乏进取精神。尤其不能缺乏决不服输、永不放弃的精神。一旦你也具备了不甘落后的精神，无论何时何地，你都能在阳光下堂堂正正地做人。

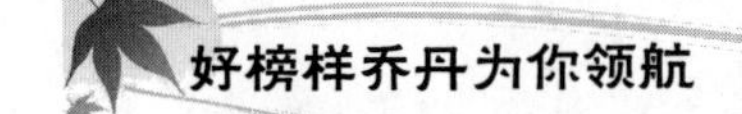

好榜样乔丹为你领航

1. 始终保持积极的心理态度。当你被无情地淘汰的时候，当你处于落后状态的时候，最重要的是保持积极的心态。暂时落后于人并非表明你会永远落后。

2. 决不放弃。放弃意味着彻底被淘汰。乔丹遭受淘汰后不仅不放弃，反而更加奋发进取，结果收获了盖世无双的成功。

3. 要能承受住被淘汰和落后的打击，注重培养永不服输的精神，寻找机会，积蓄力量东山再起。

4. 要有志气。要像乔丹那样，始终保持不甘落后，不甘被淘汰的精神，用百倍的努力证明自己并不比别人差。

5. 要保持坚定的自信心。自信心绝不能被淘汰。淘汰与落后并不可怕，可怕的是你从此失去了自信，认为自己不会有出息。最好的办法是以决不服输的精神来面对这一切，用实际行动证明自己能行。如果你能做到这一点，那么，你就一定能创造属于自己的奇迹，你就能做自己的奥运冠军。

4. 挑战残疾，扼住命运的咽喉

身体残疾是人生的不幸。残疾人在生活中面对的困难是健康人所无法体会的。

但是，既然残疾的不幸已经降临，我们应该怎样去面对它呢？

有的人选择怨天尤人；有的人选择逆来顺受；有的人选择自杀；也有的人选择了抗争。瑞·尤里就是他们中间的杰出代表。

尤里于1873年10月14日出生在美国印第安纳州的拉斐亚特镇，他小的时候得了小儿麻痹症，家里人都以为他会终身瘫痪，今后再也不能行走，要在轮椅上度过一辈子。但是尤里并没有被疾病吓倒，为了恢复腿部萎缩的肌肉，他遵照医嘱，天天练习立定跳高。经过坚持不懈的锻炼，他的腿逐渐开始好转，他不但恢复到能够像正常人一样行走、跳跃，而且成为学校田径队的活跃分子。

尤里长大成人后进入他家乡附近的杜波大学，并获得了工程学学位，成了一名水利学工程师。但是尤里非常热爱体育，他去纽约时，参加了纽约运动俱乐部的田径训练。由于从小坚持以跳高和跳远运动来增强体质，他练就了一身好“武艺”，他过去的缺陷反而成为他的专长。1900年，在巴黎举行第二届奥运会，27岁的尤里大展宏图的机会到来了，他报名参加了奥运会的田径竞赛项目。真是功夫不负有心人，尤里这么多年付出的辛劳与汗水，一朝结出了丰硕的成果。7月16日，在巴黎奥运会上正好将立定跳高、立定跳远和三级跳远这三个项目都安排在这天，尤里在一天之内就囊括了奥运会所有跳跃项目的冠军。尤里的跳高成绩为1.65米，打破了世界纪录，比原来的这个项目的纪录提高了12.7厘米；而三级跳远他则以60厘米的优势领先于亚军，达到了10.58米。四年之后，在1904年美国圣路易斯举行的第三届奥运会上，尤里又一次参加了这三个项目的竞赛，再次夺取了三项冠军。尤里在这一年的奥运会立定跳远项目上打破了世界纪录，达到了3.47米的成绩，而这个纪录一直持续到20世纪30年代，到这一项目取消为止都没有人打破。后来尤里又在1906年的冬季奥运会和

1908年在伦敦举行的奥运会上分别夺得两枚跳高和跳远的金牌。

尤里除了获得奥运会金牌之外，从1898—1910年之间，一共还获得过15次全国锦标赛立定跳高冠军。遗憾的是在1912年奥运会上，取消了立定跳高，而且美国业余体育联合会（AAU）也将这个项目暂停了6年。如果尤里有机会继续参加这项比赛的话，毫无疑问还会创造出更多的新高。由于这个项目的中止，尤里的纪录将永远载入奥运会的史册，成为最后、也是最高的立定跳远的世界纪录。尤里以自己的优异成绩证明他是世界上最杰出的跳跃运动员。

残疾固然是人生的不幸。但面对不幸如果我们总是悲伤、痛苦、抱怨的话，不仅丝毫不能改变不幸的现状，反而会变得更加不幸。

其实，残疾带给人不幸的同时，往往也会带给人机遇和奋发拼搏的精神动力。

奥运冠军瑞·尤里原来并不是一个正常的体魄健康的人，他曾经是一个不被任何人看好的残疾儿童。他从一个残疾人磨炼成为一名运动员，已经是非常了不起了，而尤里真正伟大和值得我们所有残疾人和健康人学习之处，是他那战胜病魔的顽强意志、不向厄运屈服的坚强性格和自强不息的奋斗精神。

派蒂在年幼时就被诊断患有癫痫。她的父亲吉姆·威尔森习惯每天晨跑。有一天，戴着牙套的派蒂兴致勃勃地对父亲说："爸，我想每天跟你一起慢跑，但我担心中途会病情发作。"

父亲回答说"万一你发作，我也知道如何处理。我们明天就开始跑吧。"

从那以后，派蒂喜欢上了跑步。和父亲一起晨跑是她一天中最快乐的时光。跑步期间，派蒂的病一次也没有发作。

几个礼拜之后，她向父亲表达了自己的心愿："爸，我好想打破女子长距离跑步的世界纪录。"她父亲替她查吉尼斯世界纪录，发现女子长距离跑步的最高纪录是80英里。

当时，读高一的派蒂为自己订立了一个长远的目标："今年我要从橘县跑到旧金山（640多公里）；高二时，要到达俄勒冈州的波特兰（2400多公里）；高三时的目标是圣路易斯市（3200多公里）；高四则要向白宫前进（4800多公里）。"

派蒂虽然在身体方面不具备常人的优势，但她仍然满怀热情与理想。对她而言，癫痫只是偶尔给她带来不便的小毛病。她并没有因此消极畏缩，相反地，她更珍惜自己已经拥有的。

高一时，派蒂穿着上面写着“我爱癫痫”的衬衫，一路跑到了旧金山。她父亲陪她跑完了全程，做护士的母亲则开着旅行车尾随其后，照料父女两人。

高二时，她身后的支持者换成了班上的同学。他们拿着巨幅的海报为她加油打气，海报上写着：“派蒂，跑啊！”（这句话后来也成为她自传的书名）。但在这段前往波特兰的路上，她扭伤了脚踝。医生劝告她立即中止跑步：“你的脚踝必须上石膏，否则会造成永久的伤害。”

她回答道：“医生，你并不了解，跑步不是我一时的兴趣，而是我一辈子的至爱。我跑步不单是为了自己，同时也要向所有人证明，身有残疾的人照样能跑马拉松。有什么方法能让我跑完这段剩下的路吗？”

医生表示可用黏合剂先将受损处接合，而不用上石膏。但他警告说，这样会起水泡，到时会疼痛难耐。

派蒂二话没说便点头答应。

派蒂忍着疼痛终于跑到波特兰，俄勒冈州州长陪她跑完最后一英里。一面写着红字的横幅早在终点等着她：“超级长跑女将，派蒂·威尔森在17岁生日这天创造了辉煌的纪录。”

在高三那一年，派蒂花了四个月时间，由西岸长跑到东岸，最后抵达华盛顿，并接受总统召见。她告诉总统：“我想让世人知道，癫痫患者等各种残疾人与一般人无异，也能过正常的生活。”

尤里和派蒂的经历和坚强意志令我想到了奥运宪章中关于奥林匹克主义的含义。

奥运宪章中对奥林匹克主义是这样解释的：“奥林匹克主义是将身、心和精神方面的各种品质均衡地结合起来并使之得到提高的一种人生哲学。它将体育运动与文化和教育融为一体。奥林匹克主义所要开创的人生道路是以奋斗中所体验的乐趣、优秀榜样的教育价值，和对一般伦理的基本原则的尊敬为基础的。”尤里的奋斗精神和伟大人生是对奥林匹克主义的最好注解。在当今人心浮躁的社会里，每个人都非常需要认真学习尤里的精神。

面对人生的不幸，面对社会的不公，怨天尤人是没有任何价值的，消极地忍受和逃避也不是上策。德国伟大的作曲家贝多芬在双耳失聪之后也曾痛苦过，但他还是做出了“我要扼住命运的咽喉”这样的强者的选择。贝多芬的人生因这一选择而精彩绝伦，世界上也因此有了《命运交响曲》

和《月光奏鸣曲》这样永世不衰，震撼全球的优美乐章。

海伦·凯勒是美国著名的聋哑作家，她在两岁的时候就被病魔残酷地夺走了听觉、视觉。

然而，正是这么一个幽闭在盲聋世界里的人，竟然毕业于哈佛大学，并用生命的全部力量到处奔走，建起了一家家慈善机构，为残疾人造福，被美国《时代》周刊评选为20世纪美国十大英雄偶像。

创造这一奇迹，全靠一颗不屈不挠的心。海伦接受了生命的挑战，用爱心去拥抱世界，以惊人的毅力面对困境，终于在黑暗中找到了人生的光明面，最后又把慈爱的双手伸向全世界。

法国哲学家茨威格说："命运总喜欢让伟人的生活披上悲剧的外衣。命运就是要用它最强大的力量考验最强大的人物，用荒谬的事变对抗他们的计划，使他们的生活充满神秘莫测的讽喻，在他们前进的道路上设置重重障碍，以便让他们在追求真理的征途中锻炼得更加坚强。命运戏弄着这些伟大的人物。但这是大有补偿的戏弄，因为艰苦的考验总会带来好处。"

海伦·凯勒丧失了视力、听力，她却说："希望敞开了永恒的大门，他人眼中的光是我的太阳，他人耳中的音乐是我的交响乐，他人嘴上的微笑是我的快乐。"

海伦·凯勒时刻提醒着我们：幸福的生活源于灵魂的内在力量；无论在哪个时代，爱和勇气都是我们生存的基础；其实，我们每个人都拥有自己所不了解的能力和机会，都有可能做到未曾梦想的事情。

双目失明的威尔逊先生经过多年的努力奋斗，终于成为一个受人尊敬的企业家。

这天，当他从办公楼出来时，听到背后传来"嗒嗒"的声音，那是盲人用竹竿敲打地面发出来的，威尔逊停下了脚步。盲人意识到前方有人，连忙上前说道："先生，我是个可怜的盲人，帮帮我，买一个精美的打火机吧，1美元，我可以靠它谋生呢？"

威尔逊叹了口气，接过了打火机："我不会用的，但我愿意帮你。"说着递了张钞票过去。

盲人一摸发现是100美元，兴奋得声音都颤抖了："您真是个好心人，愿上帝保佑您。"

威尔逊正准备转身离去，但盲人仍在自言自语："我本不是天生的瞎子，是18年前布尔顿的那次事故引起的，真可怕。"

听到这儿，威尔逊心里一震，回过头失声叫道："是那次化工厂爆炸吗？”

“是啊。”盲人见引起了威尔逊的注意，便喋喋不休地讲起了自己的遭遇，希望博得这位富人的同情，得到更多的好处。“那次死了好多人啊！我也因此落到了今天这步田地，贫困交加。您不知道，当时的情景真可怕，一声惊雷巨响，然后到处都是熊熊烈火。逃命的人挤成一团，我本来已经到了门口，可后面一个大个子却叫道：‘我还年轻，让我先出去’。边说边用力把我推倒。踩在我身上跑了出去。等我醒过来后，眼睛便什么也看不见了……”

盲人还要继续讲下去，威尔逊却冷冷地打断了他的话：“你在撒谎。事情不是这样的。”

盲人一惊，停止了自己的诉说。他似乎想起了什么……

威尔逊又说道：“当时我也在化工厂内，是你睬着我的身体跑出门的，你说的那几句话，我一辈子也忘不了！”

盲人呆住了，他忽然拉住威尔逊的衣服，激动地大叫：“这不公平！我跑了出去，却成了瞎子；你留在了里面，如今却风光得意。”

威尔逊用力挣脱了他，举起手中精致的手杖，不屑地说道：“我也是瞎子，可我从不相信命运。”

上面的故事告诉我们，人们遭受残疾的重创和生活的不幸时，上苍往往并没有堵死所有的通道。只要精神不残疾，只要信念还在，只要向奥运冠军尤里那样坚持不懈地去拼搏，你一样能踏平坎坷，拥有美好的人生。尤里能创造奥运奇迹，那么，我们任何人都不应该放弃自己的人生梦想。贝多芬能扼住命运的咽喉，奏响命运的交响乐，那么我们还有什么理由叹息？海伦·凯勒不害怕，那么，谁还有理由害怕？

尤里、贝多芬、海伦·凯勒等人告诉我们：只要不向命运屈服，用今天可以点燃明天；只要热爱生命，不懈奋斗，就一定能够拥有美好的人生。面对太阳，你就永远看不到阴影。

好榜样海伦·凯勒为你领航

1. 像尤里那样，面对残疾不悲伤，不放弃，把不幸转化为机遇和动力。像威尔逊那样，即使不幸成了盲人，也决不相信命运，决不向命运屈服。

2. 热爱体育，通过坚持不懈的体育锻炼磨炼意志，增强体魄。这对战胜病魔，克服困难具有极其重要的意义。

3. 培养健康的心态。身体某一方面有残疾并不可怕，可怕的是心理上也有残疾。要以海伦·凯勒等为榜样，微笑着面对残疾和不幸，自信地面对人生。

4. 要能够扬长避短，取长补短。每个人都有自己的优势，关键在于充分地将优势挖掘出来。

5. 经常用好榜样激励自己。一定要确立自己的好榜样，认真读几本历经苦难，自强不息的名人伟人的传记。如读海伦·凯勒和贝多芬等人的传记，从他们身上汲取战胜病魔的力量，学习他们的宝贵经验和坚强性格。

6. 每天都激励自己正视残疾，挑战命运，像尤里那样去拼搏，创造自己的奇迹，做自己的奥运冠军。

5. 战胜自卑，唤醒沉睡的巨人

很多人与成功无缘并不是因为能力差，也不是机会不好，而是因为自卑，因为不知道自己其实是个沉睡的巨人。

奥运冠军之所以能在无数高手面前胜出，在很大程度上取决于他们拥有自信乐观，积极向上的心态。在平时无数次的艰苦训练中，他们不仅练就了超人的技能，而且战胜了自卑心理，唤醒了沉睡的巨人。

中国女子飞碟队的神枪手张山，在参加 1992 年巴塞罗那奥运会男女混合双向飞碟比赛中，战胜众多男选手，夺得金牌，爆出了当届奥运会女子战胜男子的特大新闻。张山为什么能取得成功？根本原因不仅在于她平时刻苦努力的训练，还有她那份不可多得的自信、坚毅和乐观。

每一次从靶位上下来，张山都会在心中默念老师所说的一句心理暗示语："天上地下，唯我独尊。"这句话是佛祖释迦牟尼生时所言，而张山却从中悟出一个道理：人在靶场上，需要的正是这种"目空一切"的心境。自信乐观是张山成功的基础。战胜对手，战胜自己，战胜一切困难，都需要自信乐观。她说："飞碟射击要的就是自信乐观。举起枪，我会目空一切。"也正是有了这种"天上地下，唯我独尊"的气概和境界，张山才最终战胜了奥运飞碟赛场上的众多男女世界顶尖高手。

如果你能分析研究全世界奥运冠军的人格特质，你会发现他们有一个共同的特点：无论多强大的对手，无论多艰难的过程，他们都不会害怕，不会悲观失望，他们总是充分相信自己通过努力一定会成功。**他们总是坚信一个道理：一个自卑的人，一个不敢挑战冠军的人，永远当不了冠军。**

很多时候，打败我们的不是所谓的强大的对手，也不是所谓的不可战胜的困难，而是我们的自卑心理。

著名的心理学家马斯洛经过长时间的研究得出一个结论："人类具有大量尚未加以利用的潜力。"他相信"几乎所有的婴儿，生而具有心理发展的潜力和需要。"但是，多数人由于后天形成的自卑感，使自己天生的潜力被埋没了。只有极少数人挖掘了自我的潜力。

马斯洛常鼓励他的研究生去掉自卑心理，把奋斗目标定得很高。他问自己的研究生们准备写出什么样的伟大著作，或完成什么样的伟大任务。这类问题往往使研究生们发窘，想回避这样的问题。但马斯洛问："假如你打算做个心理学家，那么是做一个积极进取的心理学家呢，还是做一个差的心理学家呢？假如你故意想偷懒，少花点力气，那么，我警告你，你今后一生都将很不幸。你将总是避开力所能及的事，避开自己有可能做到的事。"

有关专家的研究表明：普通人只发挥了自己 1% ~ 2%的智慧。即使是大科学家爱因斯坦，也仅利用了脑能力的 5%。

卡耐基是一个出生于美国西部的贫困农家子弟，青少年时期充满自卑、挫折感、恐惧和忧郁，不安无时不深深地笼罩在他的心中。他曾经饱受奚落、嘲笑，甚至一度想要自杀，了此余生。幸好，他最终选择了不断地自我磨炼，战胜了自卑心理。他的著作、演讲和培训影响了不同国籍、不同时代的千百万人，他被誉为"成功学之父"。

卡耐基的早期著作《人性的光辉》、《语言的突破》、《美好的人生》、《人性的优点》曾被译成 28 种文字，其中《人性的弱点全集》一书，是继《圣经》之后世界出版史上第二畅销书。

卡耐基的人生经历告诉我们：人人都能成功，我们每个人都要勇敢地做自己的主人，决不能因任何原因让自己的内心充满了自卑与挫折感。

卡耐基的成功让我想到了周国平的一段名言："我相信天才的骨子里大都有一点自卑，成功的强者内心深处往往埋着一段屈辱的历史。"谁能想到像卡耐基这样闻名世界的成功学家竟然曾经是一个十分自卑的少年。但卡耐基不仅战胜了自卑，而且激励全世界无数的自卑者走出阴影，获得成功。

有一个叫圣安·玛丽亚的女孩，生于英国南部的一个贫困家庭。两岁时，她的左脸上长出了一颗十分难看的黑痣。因此，人们歧视的眼光时时向她射来，令她痛苦不堪。幸好，她对读书有着浓厚的兴趣。在她看来，只有徜徉于书海，才能抛却萦绕于四周的那些冷漠眼光和可怕的孤独感。

有一天，牛津大学的一位著名教授意外地发现了这位正陶醉于书海中的女孩。她那如痴如醉的神情，令教授深感惊奇。他情不自禁地对随行的人和聚拢在四周的农人说："哎呀，简直不可思议，这位小女孩的眼睛炯炯有神，智慧一定非凡过人，并且她读书是那样专心，将来定是这个小镇上最有出息的人。瞧，她脸上的那颗黑痣，就是她日后卓尔不凡、超群脱俗的标志。"

我们无法揣测这位牛津教授的初衷，但他这句话传开后，小女孩的命运果真发生了戏剧性的变化，她的父亲从此格外疼爱起她来，而先前那些歧视和冷漠的眼光，也换成了艳羡的眼光，甚至还有富人主动为她出钱，给她提供当时最好的求学条件。小女孩也像换了一个人一般，一扫过去的自卑心理，变得格外勤奋和自信起来。她付出的心血和汗水，为她不断换来令人羡慕的成绩，这一切似乎都在一板一眼地印证着牛津教授的预言。

多年后，小女孩果然不负众望，获得了剑桥大学的博士学位，日后又成为英国著名高等学府——爱丁堡大学最年轻的女教授，并成为一名资深的年轻社会活动家，同时还担任了伦敦市市长助理一职。

牛津大学教授的一席话，使原本自卑不已的女孩脱胎换骨，变得自信乐观而又勤奋不已，创造了人生的辉煌。

人，本身就是一座难以估量的、蕴藏丰富的矿山，如何最快捷、最充分地开掘它，有时并不需要挖掘机和炸药，而只需要师长或朋友一句真诚而又信任的赞美！

然而，我们不可能人人都像那位长黑痣的小女孩那样幸运，我们也不必守株待兔式地等待哪位伯乐式的教授从天而降来鼓励和赞赏我们，使我们从此清除自卑心理，充满信心地去奋斗。为了战胜自卑心理，我们每个青少年都必须学会当自己的教授，做自己的激励大师。世界上最重要最好的教授就是你自己。我们应该合着国际歌的旋律，发自内心地对自己唱道："从来就没有什么救世主，要创造幸福人生全靠我们自己战胜自卑，坚定信心……"

赵宇泽是1975年的高中毕业生，严重的高血压使他高考体检不合格。为了不增加家庭的生活负担，他曾做过小工，卖过白菜，看过大门，扫过厕所。他在北京师范大学看大门时，有的大学生曾嘲笑他：“年纪轻轻的便来干这活儿，定是胸无大志啊！”

在那些“天之骄子”的嘲笑面前，赵宇泽并没有自卑消沉下去。他说：“我不愿被人看不起，更不会自己瞧不起自己。当我为大学生扫地刷厕所时，我从内心里羡慕他们的成才条件。但是，能不能上大学是一回事，能不能成才又是另一回事，不管上不上大学，关键在于不自卑。只要自己发奋用功，就能成为有用之才。”

赵宇泽从小喜爱中国古典文学和书法艺术。高考遭受挫折后，他继续钻研书法。在北京师范大学一栋学生宿舍楼的最底层——地下室里，常常亮起一盏通宵不灭的灯。赵宇泽把自己全部的休息时间都用来潜心研究书法源流、历代碑帖和书法论著。短短一年多的时间里，他查阅了几百万字的史书，摘抄了十几万字的史料，并与书法界的老前辈冯亦吾先生合作编写了 11 万字的《书法丛谈》，为填补我国书法艺术空白迈出了可喜的一步。后来，他又陆续写了 20 多万字的论文，先后在《书法研究》杂志上发表。《人民中国》日文版还把他写的《孙过庭和他的书谱》向日本人民作了介绍。谈起这件事，赵宇泽很激动地说：“我得知中国古老的书法艺术在日本受到重视和研究，相反，我们自己在这方面倒显得落后时，我个人的自尊心发展成了民族自尊心。我之所以向日本报刊《人民中国》投稿，实在是为了替中国书法界争口气！我们都还年轻，不要看不起自己，不要埋怨谁，不要自卑，颓废干什么？为中国争气，我们拼了吧！”

青少年要成才，最重要的就是要有志气，要自信，不能自卑。美国前总统罗斯福曾说过：“不经你的同意，没有人能使你自觉低劣。”赵宇泽之所以能在艰苦的条件下通过自学取得惊人的成绩，最宝贵的一点就是，在大学生的嘲笑面前，他不仅不自卑，反而更自尊，进而不断走向自强。后来，他不仅在大学生面前为自己争了气，而且在日本人面前为中国人争了气。

有些青少年在成长途中常常瞧不起自己，认为自己再努力也不如别人，再勤奋也是白搭，因而不愿付出艰苦的努力，导致自己不能成才。倘若赵宇泽当初在大学生的嘲笑面前自卑下去的话，还会有大学生宿舍楼的地下室里那顽强拼搏的身影吗？如果不经过顽强的拼搏，赵宇泽又怎么能取得令许多大学生都自愧不如的书法研究成果呢？

其实，自己瞧不起自己，怕不如别人，怕困难，怕失败后被人笑话……这也怕，那也怕，又有什么用呢？你看那林间的果实是怎样生长起来的！今天风吹，明天雨打，经受不了风吹雨打的不是早早落地腐烂，就是发酸枯死。只有那些不怕风吹雨打的，最后才变得成熟。青少年如果在成长的过程中轻视自己，自卑自怜，畏缩不前，顶多不过会像果林中的一颗酸果，对社会是毫无用处的。

所以说，青少年在成长过程中大可不必小看自己，贬低自己，而应该有点不知天高地厚的辉煌梦想，敢说自己将来要成为优秀的人才，成为一个让人刮目相看的人物。当然，把目标定得这么高的人也难免会有软弱自卑的时刻，因为你知道自己是有不足之处的。但是要想到，许多杰出人才也有过类似的怀疑、软弱、自卑的时刻。不过，他们的可贵之处就在于能战胜自卑，坚持奋斗下去。因此，你有必要在心中筑起抵御自卑感侵袭的围墙，并树起一面“自尊、自信、自强”的旗帜。这样，你就能始终保持一股拼搏进取的锐气，你将会成为生活的强者，成为自己的奥运冠军，你的生命一定会闪烁出瑰丽的光彩。

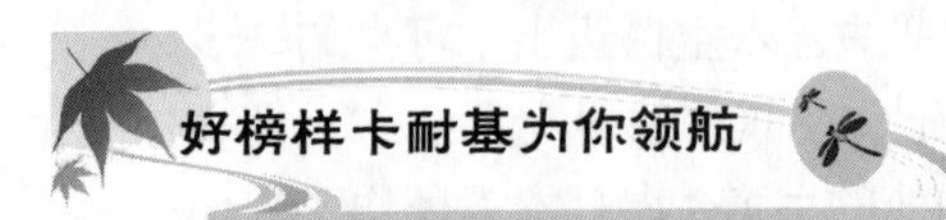

好榜样卡耐基为你领航

1. 多向思想成熟而又了解你的人取经。

2. 当自卑感笼罩心头时，静下心来仔细想一想，看看到底为什么会有这种感觉，找出自卑的根源，并坚决将其排除。当你经过认真思考，找到自己瞧不起自己的根源，并弄清楚是怎么回事时，或许你不用别人帮忙，自己便已经发现，产生这种自卑病症的最初情形已经消失得很远了。

3. 做你害怕去做的事。做你需要做但又害怕去做的事，做完之后你会发现，你并不傻，那件事也并不像你想象的那样难办。

4. 始终保持自信的心理状态，不理睬别人对你所做的偏低评估。青少年自卑的一个很大因素就是来自外界不确切的评估，特别是来自老师、父母等人的偏低评估。自信是人生的一剂不可缺少的良药，自信心是人生最重要的精神支柱。

5. 学习别人战胜自卑的经验。

6. 客观地认识自己，正确地看待竞争。不要总是拿自己的劣势同别人的优势相比较。“金无足赤，人无完人”，每个人都有自己的优缺点。只要善于取人之长，补己之短，就一定会干出一番成绩来。

7. 经常对自己进行积极的心理提示：我没什么可以自卑的，我相信自己，我能做自己的奥运冠军，我能。

6. 超越自我，耐心等待自己花开的季节

要想取得辉煌的业绩，最重要的不在于能否超越别人，而在于超越自己。人最大的敌人不是别人，而是自己。

美国《运动画刊》上登载了一幅漫画，画面是一名拳击手累瘫在练习场上，标题为《突然间，你发觉最难击败的对手是自己》。这个标题实在耐人寻味。

在日本有一个学习成绩优秀的青年去报考一家大公司，结果名落孙山。这位青年得知这一消息后，深感绝望，顿生轻生之念，幸亏抢救及时，自杀未成。不久传来消息，他的考试成绩名列榜首，是统计考分时，电脑出了差错，他被公司录用了。但很快又传来消息，说他被公司解聘了，理由是一个人连如此的打击都承受不起，又怎么能在今后的岗位上建功立业呢？这个青年虽然在考分上击败了其他对手，可他没有打败自己心理上的敌人，他的心理敌人就是惧怕失败，对自己缺乏信心，遇事自己给自己制造心理上的紧张和压力。

很多奥运健儿在通向金牌的崎岖道路上，绝大多数时候不是在想方设法地超越对手，而是在尽力超越自己。

有“荷兰女飞人”之称的布兰克尔斯·科恩，1936 年她参加柏林奥运会时，还只是一名年仅 18 岁的女孩，比赛成绩也非常一般，仅获得跳高第 6 名，4×100 米接力赛第 5 名的成绩，没有一个比赛项目排名进入前 3 名。

但是柏林奥运会后，这位多面手在 100 米跑、80 米栏、跳高、跳远等项目中都先后创造过世界纪录，但却无缘与世界强手争雄。原因是在这之后的 12 年里，由于第二次世界大战，一向与战争水火不容的奥运会被迫停办了 3 届，这历史的无奈让许多优秀运动员非死即伤，要么就是被挫伤了士气，再也无法踏上竞争激烈的赛场。

然而布兰克尔斯·科恩却勇敢地挺过来了。作为两个孩子的母亲，时年 30 岁的她在 1948 年再次踏上跑道，参加在英国伦敦举办的奥运会。虽然华年已过，但她仍壮心不已，报名参加了 4 个项目的比赛，在比自己普遍年轻 10 多岁的竞争者面前毫不畏惧，100 米比赛中，她第一个到达终点，成绩是 11 秒 9，比最接近她的对手快了 0.3 秒。在那届奥运会上，她一举摘取了 4 块金牌，获得了“荷兰女飞人”的美誉，成为奥运历史上一颗耀眼的明星。

科恩如果没有顽强地超越自我、超越梦想的激情，是不可能在华年已

过的30岁时，还能一举摘得4块奥运金牌。

有志者不会因为他人的不理解而放弃自己的追求。他们往往不断挑战自我，超越自我，超越梦想，并从中获得巨大的成就感和胜利的喜悦。

在当今激烈的社会竞争中，很多人每天都在想方设法地超越别人，唯恐落后于人，唯恐被人超越。其实，面对激烈的竞争，我们的确需要超越对手，但我们首先需要超越的并不是别人，而是我们自己。

法国作家罗曼·罗兰说过："生活必须经常做自我超越，一步一步向前推进，正如音乐必须不断改变主题和旋律一样，一曲完成再来一曲，决不倦怠，决不沉睡，自始至终，保持清醒。"超越能够激发一个人的潜能。爱尔兰戏剧家萧伯纳说："一匹马如果没有另一匹马紧紧追赶并要超过它，就永远不会疾驰飞奔。"

古今中外许多杰出人物都是在不断超越自我的过程中走向卓越的。

美国前总统里根的一生是极具戏剧性的，而这正是他追求卓越，超越自我的表现。

1933年，22岁的里根就开始从事体育节目播报员的工作。在之后的5年中，他的播音事业蒸蒸日上，取得了极大的成就。但是，里根对此却并不满足。

1937年，里根经人推荐在华纳电影公司的影片《空中的爱情》中扮演了一位感情丰富而幽默的播音员。从此，里根踏上了演艺生涯。

在演艺生涯中，里根一共拍摄了64部影片。

在1941年的"最有希望演员"的评选中，里根成为5位"明日巨星"之中的一位。

1942年，美国参加反法西斯战争。里根毅然投身于战争。

1947年，里根成为好莱坞工会主席。

1964年，美国"联艺"电影公司拍摄名为《最好的男人》的影片，片中主角是一名总统。里根应征主角试镜时，电影公司的主管却将他淘汰了。主管预言说："里根不具备一名总统应有的相貌。"对于政治，里根从来没有接触过，当然也没有什么经验。但是，这并不妨碍他走上政坛的决心。

1964年，里根拍摄了生平最后一部影片《杀戮者》，从此正式开始了他的政治生涯。

1966年11月，里根竞选州长成功。1971年，里根连任州长。

1980年11月，69岁的里根当选为美国第40任总统，实现了从平民到总统的梦想。1984年11月，里根连任总统。

在多年的政治舞台上，里根为美国人民做了许多事情，成为美国人民心目中优秀的总统。

2004年6月5日，93岁高龄的里根逝世。当时的美国总统小布什称“这是美国人民悲伤的一天”。美联社记者迈克·范西尔伯说：“里根的人生充实而多彩……”

成功的梦想要靠后天不断超越自我来实现。其实，所有的人都已经先天就具备了这种条件，因为，我们一生下来就是冠军了。

想想吧：为了生下你，许多战斗已经发生，这些战斗又最终以你的成功而告终。

数以亿计的精子参加了巨大的战斗，然而只有一个赢得了胜利——就是构成了你的那一个！这是为了达到一个目标而进行的大规模的赛跑：那个为精子所争夺的目标——卵子，比针尖还要小，而每个精子也是要放大到几千倍才能为肉眼所见。然而你的生命的最初决定性的战斗就是在这么微小的场合上进行的。

精子中的染色体所包含的全部物质与倾向是由你的父亲和他的祖先提供的，卵核中的染色体则来自你母亲那方。你的母亲和父亲本身代表了二十多亿年前为生存而战斗的胜利的极点。于是一个特殊的精子——最好最健康的精子，便以最快的速度与一个等待着的卵结合起来，形成微小的活细胞。

成功了，那就是你！因此，你天生就是个冠军，你具有无限的潜能，只要你愿意不断超越自我，超越梦想，就能不断从成功走向新的成功，从胜利走向新的胜利。

美国成功学家拿破仑·希尔曾经说过：“一切的成就，一切的财富，都始于一个信念，即自我意识。”一个人只有具备强烈的自我超越意识，他才会不断地努力，不断地进取，不断地突破自身的局限，最大限度地发挥自身的潜能。

要战胜自己，靠的不是投机取巧，不是耍小聪明，靠的是信心和意志。世界著名的游泳健将弗洛伦斯·查德威克，一次从卡得林那岛游向加利福尼亚海湾，在海水中泡了16小时，只剩1海里时，她看见前面大雾茫茫，潜意识发出了“何时才能游到彼岸”的信号，她顿时浑身困乏，失去了信心。于是她被拉上小艇休息，失去了一次创造纪录的机会。事后，弗洛伦斯·查德威克才知道，她已经快要登上了成功的彼岸，阻碍她成功的不是大雾，而是她内心的疑惑。是她自己在大雾挡住视线后，对创造新的纪录失去了信心，然后才被大雾所俘获。过了两个多月，弗洛伦斯·查德威克又一次重游加利福尼亚海湾，游到最后，她不停地对自己说："坚持，坚持，离彼岸越来越近了！"潜意识发出了"坚持，我这一次一定能打破纪录！"的信号，她顿时浑身来劲，最后弗洛伦斯·查德威克终于实现了目标。

让我们再来看看另一个发人深思的例子。

英国少年艾金森，因为长得憨头憨脑，加上行为举止笨拙而幼稚，成了同学们的戏谑对象，甚至老师们都不愿意给他上课。虽然艾金森是个按时交作业的好学生，但他朗诵作品时滑稽的表情总是让同学们捧腹大笑，每堂课都会被他搅成一锅粥，令老师无法继续讲课。而给了他 35 分的历史老师则说："他没有半点历史感，当然，他什么感也没有。"艾金森的父亲更是认定了他的脑子有问题，不是白痴就是智障，因此从不跟他说话。

走向社会的艾金森因为那张憨态十足的脸和笨拙而幼稚的举止找不到工作。极度自卑的艾金森四处碰壁，苦恼至极，于是他整天消极地躲在房间里喝闷酒。

只有艾金森的母亲认为他是优秀的。艾金森的母亲是个花匠，她将儿子带到她的花园里，指着各种各样的花草说："每种花都有开放的机会，那些没有开放的，只是未到季节。人也一样，每个人都会有机会成功，只是还没有遇到适合你的时机。但是，花草在没有遇到适合自己开放的季节时,需要吸收养分和阳光,储蓄足够的能量等待属于自己的季节来临。所以,你现在也需要储蓄足够的能量，那就是学习更多的知识，经历更多的挫折，积累更多的人生智慧，等属于你的季节一到，你自然会绽放出美丽的人生之花。"

艾金森从母亲对自己充满信心的目光中站了起来。尽管后来的好长一段日子里，找工作时依然碰壁，但他没有气馁。他牢牢地记住了母亲的话：不是他无能，只是适合他的季节还没有到来。

直到英国《非 9 点新闻》剧组的导演看了艾金森的表演后，情不自禁地大笑起来，艾金森才知道，自己被录取了。他饰演的憨豆先生由于有一点笨拙、有一点幼稚、有一点单向思维（脑筋不转弯）、有一点腼腆，深受观众喜爱，于是他在英国迅速走红。

如今憨豆先生傻乎乎地飞往全世界，这个穿戴整齐，但是头脑简单，常常闯了祸就落荒而逃的家伙，以《憨豆先生》大闹好莱坞的姿态进军洛杉矶，进行他擅长的"捣乱工程"。该片票房在欧洲已突破 1 亿美元，在美国公开放映时，也是好评如潮。艾金森终于等到了自己开花的季节。

人有了信心，有了梦想，就会产生意志力。人与人之间，弱者与强者之间，成功者与失败者之间的最大差异就在于意志力的差异。人一旦有了意志的力量，就能战胜自身的各种弱点，获得成功。只要你始终不懈地追求，只要你坚持不懈地用轻松的心态面对各种挑战，那么，你就一定能等到自己花开的季节。

当你需要勇气的时候，应千方百计战胜自己的懦弱；
当你需要勤奋的时候，应千方百计战胜自己的懒惰；
当你需要谦虚的时候，应千方百计战胜自己的骄傲；
当你需要镇静的时候，应千方百计战胜自己的浮躁；
当你需要超越对手时，应千方百计超越自我，超越梦想。

好榜样里根为你领航

1. 培养自信心。一个对自己没有信心的人是不可能战胜自我，超越自我的。

2. 了解自己的缺点和弱点，并不断予以改正和克服。

3. 战胜自我需从小事和一点一滴做起，牢记“勿以善小而不为，勿以恶小而为之”的古训。你的坏毛病、坏习惯不是一日形成的，而战胜自我也是长期的过程，需要从每一件小事着手，日积月累，你的弱点就会被你的意志和恒心击败。

4. 培养积极的心态和积极的思维方式，不断挖掘自身的潜能，挑战自己的极限，创造自己的奇迹。

5. 每天激励自己战胜自我，超越自我，坚信自己通过不懈努力，一定能创造奇迹！

二、心态决定成败

7. 珍惜打击、挫折和失败

在现代社会中，由于生存、升学、就业和创业等各方面竞争的加剧，无论是未成年人还是成年人，都感到各种各样的压力，都难免经历失败和挫折的打击。可是如今有很多人面对压力，选择的竟然是一死了之。请看下面一组令人震撼的事件：

2005 年 5 月 7 日晚 9 点 10 分左右，北京大学理科 2 号楼，2002 级数学系一博士生从 9 楼坠亡，是因为觉得学习压力太沉重，就业压力太大……

2005 年 10 月 30 日，北京大学信息科学技术学院研一学生小宁（化名）自杀。他是于 1999 年从湖北以荆州市第二名的成绩考入北大计算机系的。自杀原因是学习压力大，自己性格内向，没有办法排解压力……

2006 年 11 月 1 日，清华大学化学工程系研究生洪乾坤从泉州市中营学院 7 层楼跳楼身亡，留下的遗书说，找不到工作不愿拖累家人。

2006 年 3 月，我国南方某重点大学 10 天之内就有 4 名学生跳楼自杀。

2002 年 7 月 31 日，香港明星陈宝莲在上海静安区自杀身亡，原因是感情无所寄托…

2005 年 1 月，山西亿万富翁赵恩龙自杀；同年 5 月，陕西亿万富豪徐凯自杀……

上面一件件令人震惊的自杀案例的背后有着令人

吃惊而又难以理解的共同点：那些自杀者都曾经是社会的精英。为什么这些人反而走上了自杀的不归路？

其实，在漫漫人生路上，任何人都难免遭遇挫折和失败。面对压力和痛苦，我们应该怎么办呢？

哥伦比亚著名作家、1992 年诺贝尔文学奖得主、《百年孤独》的作者马尔克斯，当他被全球 18 位权威文学评论家推选为当今世界最伟大的 10 位作家之首的时候，面对报界的采访，却说了一段出乎众人意料的话："我非常感谢诸位尊敬的文学评论家对我的厚爱和鼓励。我非常珍惜随着我的声誉而来的各种荣耀；但是，我更珍惜从我童年起就经受的种种打击、挫折乃至失败。我至今仍然清楚地记得伟大的编辑德托雷先生，是他毫不留情地退回了我的第一部小说……"原来，早在 40 多年前，马尔克斯 22 岁那一年，他呕心沥血完成了他的第一部小说《枯枝败叶》。今天的文学评论家对这部书的评价非常之高，但是，在当时，它的这部书稿却屡遭厄运。当他把这部书稿送到阿根廷布宜诺斯艾利斯著名的洛撒达出版社后不久，便收到该社审稿编辑、西班牙著名文学评论家德托雷寄来的退稿，其中还附有一条措辞生硬的评语："此书毫无价值，但艺术上似乎有可取之处。"另外，这位伟大的编辑还忠告作者最好改行从事其他更有价值的工作。在这位伟大的编辑眼里，马尔克斯在文学方面不是天才，而是庸才。马尔克斯说德托雷是伟大的编辑是出自内心的，在他看来，是德托雷逼出了个世界最伟大的作家。因为被退稿，反倒把马尔克斯逼上梁山，他不服气、不怕压，在挫折面前，咬紧牙关，最终攀登了世界文学高峰，成为世界上最伟大的作家，摘取了诺贝尔文学奖的桂冠。

逆境之中要更坚强，陷入失败的逆境正是考验坚强的时候。战胜失败后，你已经变得更加坚强了。遇到失败时一般人往往会失去自信，但不屈不挠的人却仍充满信心。宾州大学心理学教授马丁研究过 30 种行业雇员的表现。

能够重新振作起来的都是乐观的人，他们认为：我这个问题，不过是暂时的。

但马丁教授的研究发现，悲观的人通常不能东山再起，因为他们认为自己会一败涂地。

在人生长路上，我们渴望不断胜利，但同时也要经得起一次次失败的打击。

1984 年，在世界汤姆斯杯羽毛球决赛中，我国运动员韩健在关键的场次中失掉了关键的一分，使汤姆斯杯又重归印尼队。

失掉了汤姆斯杯后，韩健几乎被指责声、谩骂声淹没了。有的观众说他是历史的罪人，要他向全国人民请罪；有的观众甚至要开除他的国籍。韩健每天读着大量的群众来信，心情非常沉重，不愿出门一步。

面对如此残酷而严峻的现实，韩健也一度陷入深深的痛苦之中，但他痛苦而不失态，认输而没有气馁。

这时候，韩健想起了自己的对手——印尼队的林水镜。1980年，林水镜在新加坡举行的中印对抗赛中以一分之差被韩健击败了。当时，印尼国内外舆论哗然。有的观众当场砸碎了家中的电视机，有的观众气得心脏病猝发而当即死亡。印尼许多愤怒的群众在政府奖给林水镜的别墅前砸碎了专为这位羽坛“天皇巨星”设立的和真人一样大小的林水镜塑像。其打击之大，不言而喻。但是，林水镜在痛苦中并没有倒下，且一直没有退出赛场。

韩健想：“一个外国运动员能够输得起，何况我这个新中国成长起来的运动员呢？真正的人生是酸甜苦辣五味俱全的。要咽得下苦水，要听得进骂声。”

后来，韩健收到一位署名小嘉的广州朋友的信，信中写道：“那天晚上我哭了，虽然一生遭受过不少挫折，可我从来没有这样哭过。一个人最大的痛苦莫过于祖国的荣誉受到损害。如果你收到一些指责你的信的话，请不要记在心上，一些球迷虽然嘴上骂你，但他们的心是爱你的。如果心中没有激情，他们是不会冲动的。韩健哟，不要泄气，不要难过，加倍努力吧，我虽然不是一个运动员，但我这个球迷深深地体会到，当一名运动员是多么不容易，不但要承受肉体上的痛苦，还要承受精神上的痛苦。运动员是世界上最痛苦的人，也是世界上最幸福的人。”

韩健说：“尽管我至今还不知道这位小嘉是谁，但他给我的鼓励和对我的信任却帮助我战胜了失败。”汤姆斯杯赛失败后，再夺世界冠军，对韩健来说，的确是很困难的。很多好心人曾劝告他：“不要再打了，你没有希望再拿世界冠军了。”可是，韩健并没有就此罢休，而是迎难而上，开始十分艰苦的训练。练！练！练！自汤姆斯杯赛失败后，韩健又六次夺得国际比赛冠军。

在人生的漫漫长路上，每个人都难免遭受各种失败和挫折，然而，你是愿意在失败的痛苦中沉沦，还是愿意在失败的痛苦中战胜自我，挺起胸膛继续拼搏呢？韩健从失败的痛苦中奋起，重新登上世界羽坛冠军的宝座后，一位观众写信对韩健说：“韩健啊，假如当初你在指责声中躺倒，那么历史上又多了一个懦夫——韩健！”

是啊，从韩健的败与胜中，我们不难体会到，一个人在遭受失败的打击后，是振作起来登向光辉的顶峰，还是跌入黑暗的低谷，完全取决于自己的选择。

因此，**当我们面对人生路上的压力、挫折和痛苦时，我们一定要学习世界羽毛球冠军韩健的那种不屈的精神。正如韩健所说的那样：“人生中的失败与成功如同球体一样，它的一半是成功，一半是失败，甚至失败多于成功。人生之球就是在失败与成功的不断滚动中向前的。人不能因成功就欣喜若狂，也不能因失败就沉沦万丈，要赢得起，也要输得起。”**

刀片即使再锐利，如果轻易就断掉，那也是毫无用处的。人固然需要刀片般的锋利，也需要柳条一样的柔韧。人在这个世界上，要柔中带刚，刚里带柔，方里见圆，圆中显方，才会活得自由自在。

在风中，小草容易弯曲，参天大树却巍然挺立，不摆不动。一阵狂风可以把大树连根拔起，可是，不管风有多大，也不能把在狂风面前弯倒在地的小草连根拔起。

能屈能伸是高情商者的超人之处。屈者，比坚者有更大的柔韧性，对情绪控制的能力也会炉火纯青。

人生之路，尤其是通向成功的路上，几乎没有宽阔的大门，所有的门都需要弯腰侧身才可以进去。

孟买佛学院是印度最著名的佛学院之一，它建院历史悠久，拥有灿烂辉煌的建筑，还培养出了许多著名的学者。

这个学院有一个特点是其他佛学院所没有的。这是一个极其微小的细节，那就是，所有进入这里的人，当他们再出来的时候，几乎无一例外地承认，正是这个细节使他们顿悟，正是这个细节使他们受益无穷。

这是一个很简单的细节，只是人们都没有注意：孟买佛学院在它的正门一侧，又开了一个小门，这个小门只有1.5米高、40厘米宽，一个成年人要想过去必须学会弯腰侧身，不然就只能碰壁了。

这正是孟买佛学院给它的学生上的人生第一堂课。所有新来的人，教师都会引导他到这个小门旁，让他进出一次。很显然，所有的人都是弯腰侧身进出的，尽管有失礼仪和风度，但是却达到了目的。

教师说，大门当然出入方便，而且能够让一个人很体面很有风度地出入。但是，人的一生中，有很多时候，要出入的地方，并不是都有着壮观的大门，或者，有大门也不是随便可以出入的。

这时候，只有学会了弯腰和侧身的人，只有暂时放下尊贵和体面的人，才能够出入。否则，很多时候就只能被挡在院墙之外了。

佛学院的教师告诉自己的学生，佛家的哲学就在这道小门里。

其实，人生的哲学何尝不在这道小门里？人生之路，尤其是通向成功的路上，几乎没有宽阔的大门，所有的门都需要弯腰侧身才可以进去。有时甚至不得不从一个个失败和挫折的黑暗的山洞里爬着钻出去。然而，在真正的智者面前，既没有钻不出的窟窿，也没有翻不过的高山。

人生面临的挫折越大，挑战也会越大，战胜挑战后各方面的收获也会越大。现实生活中，有的人常常在挫折的巨大打击后沉沦下去，有的甚至选择自杀。而另一些人却在挫折的打击下坚强地挺住，视挫折为磨炼自己的机会，视困难为恩人，并不断地战胜一个个困难，终于成就一番事业，成为生活中的强者。可以说，世界上没有一个奥运冠军的夺冠之旅是一帆风顺的，有的甚至充满了艰辛和挫折。因此，当我们面对压力和痛苦的时候，当我们觉得自己再也撑不下去的时候，我们一定要学习奥运冠军那种不怕挫折，勇于挑战困难的精神。只要有了这种精神，我们就一定能战胜人生长路上的一切艰难困苦，取得一个又一个胜利，创造一个又一个属于自己的奇迹。

好榜样韩健为你领航

1. 无论遇到多大的困难和失败，都要保持冷静的头脑和坚定的信心。在痛苦、压力和挫折面前，放弃和自杀永远是最愚蠢的选择。

2. 每当遇到所谓的巨大挫折和失败时，不要再在精神上增加负面情绪，而要学会放松而不是放弃。先放松情绪，再去了解世界奥运冠军们的夺冠之路，从中汲取力量，受到启发和鼓舞。

3. 要习惯于把挫折和打击当做机遇。要把它当做磨炼意志和增长才能的机遇，而不要当做打不死的拦路虎。

4. 要注意在平时的学习和生活中培养情商。在通向成功的崎岖道路上，情商比智商更加重要。

5. 平时要注意体育锻炼，磨炼意志，增强体魄。坚强的意志和强健的体魄对你战胜压力和挫折十分重要。

6. 平时注意人际交往，不要封闭自己。遭遇挫折时，要及时将压力和痛苦告诉朋友、父母、老师等人，寻求他们的鼓励和支持。不要独自承受痛苦和压力，更不要一个人去钻牛角尖。

7. 要养成自我教育和自我激励的习惯。挫折和苦难是世界上最好的大学，自我教育是世界上最好的教育。每当遇到打击、挫折和失败时，都激励自己一定要乐观，要自信。要相信自己一定能创造自己的奇迹，做自己的奥运冠军。

8. 困难其实是我们的恩人

美国的学者经过大量正反两方面的案例研究表明，一个人的成功，80% 取决于情商，只有 20% 取决于智商。

有这样一个发人深思的寓言故事：某地方修了一座庙，需要雕刻一尊石菩萨供万人朝拜，石匠好不容易从众多石头中挑选了一块先天条件很好的石头，想将它精心塑造一番，希望能将它修成正果。但老石匠哪里知道，这块看上去条件很好的石头却很不坚强，受不了雕刻之苦，很快就坚持不住了，对石匠哀求道："哎呀，实在疼得要命，通往菩萨的路实在太难受了，我宁愿回到原地做一块普通平庸的石头。"石匠看它如此害怕困难，也就只能惋惜地放弃了对它的塑造。而另一块先天条件差得多的石头却对石匠说："只要您相信我，将这个宝贵的机会给我，我一定会不怕任何困难，无论多苦多累我都会坚强地挺住。"后来，石匠将它精心塑造成了一尊非常精美的菩萨石像并存放在庙里供万人朝拜。而前面的那块石头看到每天都有那么多人去庙里朝拜那个"菩萨"，心里又后悔又羞愧，并跑到石匠的面前说自己还是不甘心做一个平凡无用的石头，希望石匠再给自己一次机会。老石匠语重心长地说："你的条件那么好，当初机会也降临到你的头上了，可是你却那样害怕困难，那样不珍惜机会，如今，机会早就被不怕磨难的那块石头抢走了。如果你还想来的话，像你这样害怕困难、不争气、不坚强的东西只能垫在菩萨的脚下，让无数前来朝拜的人无情践踏了！"

这个寓言故事的确太发人深省了，从这个寓言里能够找到很多人的影子。我们的周围，很多青少年先天条件很好，很聪明，后天的家庭环境也很好，但是他们却并不珍惜，他们总是害怕困难，总是找各种借口放弃努力。这样的人当然会被困难无情地淘汰。只有那些不怕困难，敢于迎难而上的人才能一步步向前跨越，取得辉煌的胜利！

2000 年 10 月 21 日，在悉尼奥运会之后举办的第 11 届残疾人奥运会上，来自内蒙古的姑娘边建欣创造了激动人心的成绩：她以 102.5 公斤的成绩，夺得女子举重40公斤级奥运金牌，并接连3次打破了她本人保持的世界纪录。

熟悉边建欣的人都说她是一位倔犟的姑娘，从小下肢严重残疾，从懂事起她就决心用百倍的努力来实现自己的人生价值，从小学到高中她的学习成绩一直名列前茅。1992年边建欣参加举重队，从此走上了一条艰苦的训练之路。不管是寒风刺骨的隆冬，还是烈日炎炎的盛夏，她克服了许多常人难以想象的困难，用血汗铺就了一条通往世界冠军的路。

减体重是举重运动员心中的“最怕”,体重增加是举重这一行的“公敌”。1993年起开始练举重的边建欣体重一直保持在最轻的40公斤级，这当然更让她吃尽了苦头。而要控制体重，就得控制饮食。这样，她就不得不一边控制饮食，一边进行艰苦的训练，艰辛可想而知!

在近乎残忍的训练中，这位体重不足40公斤的姑娘，练出了神力，她的双臂举起的重量足足是她体重的两倍以上。 如果她在诸多困难面前有一次选择了妥协和放弃，她是不可能问鼎奥运冠军的。

我曾经在我编著的《困难是我们的恩人》这部书中讲过这样一个不怕任何困难的英雄朱彦夫。当年在抗美援朝战争中，他失去了双手和双腿，失去了左眼，右眼视力也只有0.3的了。这样的特等伤残军人完全是可以躺在荣军院里由别人来侍候一辈子的。可他却回到家乡，不仅艰难地学会了自己吃饭，而且在村里当了25年村支书，克服无数困难，带领村民将一个穷山村治理得非常好，而且他在50多岁退休后，又产生了要写书的念头，他的这个念头令他的儿女和亲友们担心极了，朱彦夫的儿子说：“您可千万别写书啊！您一天学堂都没上过，该有多少字不会写啊，并且您又没手没脚，只剩一只视力仅有0.3的眼睛，50多岁的老人每天用嘴翻字典，用嘴咬着笔写书，那会受多少罪呀，您老的身体会累垮的。再说，您的文化水平太低，即使将书写出来了，也没地方愿意给您出版的。”

可朱彦夫却坚持说：“没有战胜不了的困难。蚯蚓没手没脚也能给庄稼松土呢！现在很多人觉得这也困难大，那也不可能，我虽然没手没脚，但我要写书，我写书的目的就是要给人们板结的头脑松松土。我一定要把书写出来！如果不能出版就当家史，如果不能当家史就留下来当我的遗嘱，反正我是铁了心要写。”

后来，朱彦夫愣是用7年漫长的时间将书写成了。他写了多达300多万字，后来修改成40多万字，书名叫《极限人生》。他的事迹震撼了无数读者的心灵。为了写这部书，他忍受了多少苦难啊！为了查一个生字，他要用嘴翻字典两个多小时。想想一个文盲写一部书该要翻多少次字典啊！

也许有的人认为这个典型与同学们的生活相差太远了。我们不能这样认识，我们要学习的是朱彦夫不怕任何困难的精神。这个不怕困难，顽强拼搏者的事迹震撼了无数读者的心灵，使许多同学受到了极大的鼓舞。

其实，成功往往并不像我们想象的那么困难。人世中的许多事，只要我们不怕困难，只要我们坚定地去做，都能做到。

1965 年，一位韩国学生到剑桥大学主修心理学。在喝下午茶的时候，他常到学校的咖啡厅或茶座听一些成功人士聊天。这些成功人士包括诺贝尔奖获得者，某一些领域的学术权威和一些创造了经济神话的人，这些人幽默风趣，举重若轻，把自己的成功都看得非常自然和顺理成章。时间长了，他发现，在国内时，很多人都被一些成功人士欺骗了。那些成功人士为了让正在创业的人知难而退，普遍把自己的创业艰辛夸大了，也就是说，他们在用自己的成功经历吓唬那些还没有取得成功的人。

作为心理系的学生，他认为很有必要对韩国成功人士的心态加以研究。1970 年，他把《成功并不像你想象的那么难》作为毕业论文，提交给现代经济心理学的创始人威尔・布雷登教授。布雷登教授读后，大为惊喜，他认为这是个新发现，这种现象虽然在东方甚至世界各地普遍存在，但此前还没有一个人大胆提出来并加以研究。惊喜之余，他写信给他的剑桥校友——当时的韩国总统朴正熙。他在信中说："我不敢说这部著作对你有多大帮助，但我敢肯定它比你的任何一个政令都能产生震动。"

后来这部书果然伴随着韩国的经济起飞了。这部书鼓舞了许多人，因为这部书从一个新的角度告诉人们，成功与"三更灯火五更鸡"、"头悬梁，锥刺股"没有必然的联系。只要你不害怕困难，不夸大困难，只要你对某一事业感兴趣，长久地坚持下去就会成功，因为上帝赋予你的时间和智慧够你开创一番事业。后来，这位青年也获得了成功，他成了韩国泛业汽车公司的总裁。

因此，我希望青少年朋友每当遇到自己认为所谓无法战胜的困难的时候，将你的困难和你作出的努力与奥运冠军边建欣和朱彦夫认真比较一番。相信你只要始终坚持以边建欣、朱彦夫为榜样，不断激励自己，你就一定会不断坚强起来，强大起来，你就一定能成功。

年少的时候千万不能习惯于向困难低头，你必须学会坚强地面对困难，必须学会藐视困难。当你战胜一个个艰难困苦走向成功的彼岸时，你会感慨地发现：困难并不是我们的敌人，困难其实是我们的恩人。是困难使我们学会了坚强，是困难使我们跑到了对手的前面，困难原来是幸运女神包装后送给我们的珍贵礼品。

1. 用榜样激励自己。列宁说过："榜样的力量是无穷的"。我在本书中给大家介绍了很好榜样，他们有个共同的特点，那就是他们都特别坚强，藐视困难，并战胜困难。

2. 用名言激励自己。有些名人名言具有十分好的激励效果，同学们要养成每天大声背诵几段激励性名言的习惯，以此来激发自己的斗志。如：约翰逊说："伟大的工作，并不是用力量，而是用耐性去完成。每天走3个小时的人，7年内所走的道路等于地球的圆周。"

张广厚说："在科研工作中，成就和困难是成正比的，克服的困难越大，成就往往越大，一个科研成果的取得，常常就在于你在困难面前再坚持一步。如果在困难面前不是死咬住不放，试验几下就算完了，那么无论如何难题是解决不了的。"

戴尔·卡耐基说："莫让任何事情教你灰心。坚持下去，决不要放弃。这是多数成功者的策略。当然灰心是会发生，但重要的是要能克服它。若能做到这样，全天下都是你的。"

3. 用远大的志向激励自己。当你心情消极的时候，当你在困难面前有点动摇的时候，你应该记住用远大志向激励自己。

4. 用劳动和体育磨炼自己坚强的意志。有的同学之所以在困难面前缺乏信心和意志力，很重要的原因在于平时不热爱劳动和体育锻炼。劳动和体育锻炼能磨炼人的意志，增强人的体魄。

5. 每次遇到困难时都习惯地对自己说："困难并不是自己的敌人，而是朋友和恩人。""成功并不像人想象的那么困难。"

9. 保持冷静的头脑和平常的心态

人人都渴望成功，但为什么成功者往往总是少数？一个很重要的原因在于很多人在奋斗的过程中心浮气躁，静不下心来，缺乏冷静的头脑。

沉着冷静是一种十分重要的心理素质。奥运冠军往往不仅练就了超人的技术，同时也训练了良好的心态和冷静的头脑。在奥运会的决赛中，冠亚军之间在技术实力上是很难分出高低的，因此取胜的重要法宝就在于沉着冷静。

2004 年雅典奥运会上，在国人的期待中，44 岁的王义夫再次披挂上场。

赛场上的王义夫，与俄罗斯名将涅斯特鲁耶夫站在一起，头戴一顶白帽，鼻上架一副透明眼镜，身着咖啡色 T 恤。

素有“西伯利亚熊”之称的涅斯特鲁耶夫是位多面手，他既能打气手枪，也能打手枪慢射。另外，非奥运项目大口径运动手枪也是他的强项。2002 年之前，涅斯特鲁耶夫一直都以 50 米手枪慢射为主项，2002 年后重点转向 10 米气手枪，当年他便夺得了世锦赛冠军。并且，涅斯特鲁耶夫那段时间的状态非常好，先后问鼎曼谷和米兰世界杯赛 10 米气手枪冠军。

高手之间的较量必定是精彩的，但也是残酷的。接下来他们的“表现”所营造出来的气氛，更是使观众有一些透不过气来的感觉。

涅斯特鲁耶夫总是在王义夫举枪之后才做准备，他可谓全副武装，一副不争冠军不罢休的气魄。刚开始，两个人的比分紧紧挨着，不分你我，最多有 1 环的差距，渐渐地将比分缩小，最少一次竟然只相差 0.2 环。

两个人的表现也不相同，在王义夫落后于对手的时候，他的脸上丝毫没有失落的神情，表现得十分冷静，就像解说员所说：“王义夫在比赛时，心里没有别人，只有他自己。而对手恰恰相反，在他打出一个不理想的成绩后，就摇头叹气。”

8.9 环！不可思议！再去看王义夫的表情，和他打 10 环时别无两样。当时，人们的反应是：也许这块金牌要落到对手的囊中了，没希望了！对手呢，过早地兴奋起来，打出了 10.2 环的成绩！

下一枪，王义夫打出 10.3 环，对手打出 9.3 环，意外地将比分拉平。决定胜负的最后一枪来到了，对手先打出了这一枪，他也许希望自己快些结束表演。9.7 环！王义夫则沉着冷静地打完最后一枪，成绩是 9.9 环，他举起双手做了一个胜利的姿势。就这样，奥运金牌挂在了王义夫的胸前。

尽管王义夫已经连续 6 次参加奥运会，并且这枚金牌他已经盼望了 12 年；尽管 12 年来，他承载的痛苦与辛酸，压力与品评，恐怕连他自己也说不清楚；尽管现场的气氛与比赛的进程扣人心弦，但凭着良好的心态、过硬的心理素质，王义夫仍然赢得了男子 10 米气手枪的奥运金牌。

由此，我们可以看出，比赛中参赛选手不仅要具备高超的技术，敢于拼搏的精神，还需要沉着冷静，始终保持一颗平常心。

没有人能够一辈子都一帆风顺，任何人都会时不时地面临困境和失败，而沉着冷静的心态却能帮助我们解决任何难题。

奥运冠军王楠曾多次在国际乒乓球比赛中夺魁，可在 2002 年釜山亚运会上，她却因头脑不冷静导致轻敌，出人意料地败在了朝鲜队员手下。在接下来的女双比赛中，王楠没能稳住情绪，在重压之下，处理关键球时连连失误。

这次亚运会上，王楠遭遇三连败。在随后的很长一段时间，王楠的情绪十分低落，几乎到了不能正常练球的地步。后来，在乒乓球老前辈的指点和教诲下，王楠冷静地反思了自己的问题，下定决心调整心态，使自己回到了正常的轨道，终于在2004年雅典奥运会上与张怡宁一起登上了乒乓球女子双打冠军领奖台。

因此，在失败与挫折面前，必须保持沉着冷静。要赢得起，也要输得起。不能赢了就欣喜若狂，输了就沉沦万丈。戴尔·卡耐基说过："学会控制情绪是我们获得成功和快乐的要诀。"没有任何东西比我们的情绪更能影响我们的事业和生活。

年轻人意气风发，激动时就很容易头脑发热，盲目出击。这时候，保持冷静是为了更好地进步。在生活中也是一样，我们应该把一些目前实在没有能力解决的问题冷静地放下，等机会成熟了再去解决，这是一种做人处事的智慧。人们常说："不要感情冲动，意气用事。"这正道出了冷静处事的重要性。一个人在情绪激烈的情况下，往往会对事物失去判断能力，由于受到情绪的干扰，他做出的决定往往是片面的。荷兰哲学家斯宾洛莎说过："当一个人受制于自己的感情的时候，他便不能做自己的主人。"只有冷静思考、理性判断，做出的决定才会客观、公正。

我国运动员刘翔在2004年雅典奥运会男子110米跨栏中获得了冠军，这让中国人扬眉吐气，因为，多年以来占据短跑跨栏统治地位的总是欧美运动员。

面对成功，年仅21岁的刘翔并没有被胜利冲昏头脑，他依然保持运动员惯有的冷静。因为他清楚地认识到："一段时间内国内可能还没有选手追得上我，但是世界高手层出不穷，我一个人面对这么多人的围攻，有时也会感觉到累。"因此，他坚定地回到了训练场继续训练自己。

刘翔说："毕竟我才21岁，只要永远保持一颗平常心和进取心，我就会跑到2012年奥运会。"

真正的成功者，总是能够在鲜花和掌声面前保持清醒头脑，冷静地看待自己的成功与不足，保持不断进取的心态。

冷静、谨慎、细致的态度能保证你以最佳的状态迎接挑战，在困难面前及时做出正确的判断与决定，从而发挥你最强大的战斗力，对自己的命运负责。

相反，如果一个人不谨慎细致，做事粗心大意、马马虎虎，他就会与遗憾和后悔为伴，即使在自己能力所及的范围内，也会不断地重复着马失前蹄的笑话，最终只能导致一连串的失败。

因此青少年不管是对待日常小事，还是学习，都应该把冷静细心当做自己走向杰出的必备素质。只有习惯了遇事冷静深思、勤思、多思，才能真正明辨是非，减少失误，少交些“学费”，少走些“弯路”，使自己健康顺利地成长。

好榜样刘翔为你领航

1. 像奥运冠军王义夫那样，平时注意严格训练冷静处事的心态。

2. 凡事勿冲动，先处理心情，再处理事情。

3. 积极培养自己多思考的好习惯，让自己在做事之前无须别人的提醒就能很好地去思考。当然，三思而后行习惯的养成是很难的，尤其是在开始的时候，你必须付出很大的努力。但一旦养成，就将受益无穷。

4. 以丰富的实践为基础，在认真调查、研究、了解真实情况的基础上，以昂扬的精神状态和不懈的奋斗精神创造性地完成各种事情。

5. 如果你能始终保持冷静的头脑和平常的心态，那么，在困难和不测面前，你就能很好地处理和面对，你就能创造自己人生的奇迹，做自己的奥运冠军。

10. 从沮丧和低谷中找回希望

人生的长路从来都不是平坦的，人们往往会遭遇各种各样的挫折和人生低谷，其精神有时十分沮丧。

面对精神上的沮丧，面对人生的低谷，我们应该怎么办？

美国电影《奔腾年代》，讲述了 20 世纪 30 年代的一个来自于美国的真实故事。那时正是罗斯福总统当政期间，美国经济一派萧条，人们生活的自信感跌到谷底。然而在这种情况下，出现了一个挽救人心的事物——自行车修理工霍华德，购买了一匹个头很小的马，并给这匹马起了个名字叫做“硬饼干”。他和半盲的伙伴波拉德以及史密斯组成了一个训练小组，决心好好训练这匹马去参加赛马比赛。经过刻苦的训练，“硬饼干”果然不负众望，它一次又一次地获得胜利，鼓舞了霍华德及其伙伴们的士气。可喜的是，在一次比赛时，“硬饼干”竟然超过了一匹叫做“将军”的战马，要知道“将军”可是血统优秀的纯种马，从未战败过。在这样的结局下，整个美国都沸腾了。人们从失望中找回了希望，从卑微中重拾了自信，从颓废中发掘了梦想……

可见，体育运动也可以从精神上拯救一个国家一个时代的梦想。一个萧条的年代，一匹马同三个人凭着一股不服输的劲头，造就了一段传奇。他们的胜利在那个年代给整个国家带来了希望，也带来了梦想的理由，“硬饼干”也成了那个时代的缩影，是一种在沮丧和低谷中永不服输，再次振作并且取得胜利的力量。的确，那些自强自立的人一般都具有坚定正确的人生观和坚韧不拔的意志力，他们以自信乐观的健康心态去迎接人生中的各种挑战，去战胜精神上的沮丧和人生低谷，成为生活和工作中的强者。

在 1988 年的奥运会上，世界田径最佳选手、古巴女运动员奎罗特登上了自己体育事业的巅峰。1991 年夏天，在哈瓦那举行的泛美运动会上，奎罗特一举打破了 400 米和 800 米的纪录，使古巴的金牌数第一次超过了美国。但是，不久，她却遭遇了巨大的不幸。1993 年的一天，奎罗特家厨房的煤气灶突然爆炸，造成奎罗特全身 1/3 的皮肤三度烧伤！模特儿出身的奎罗特失去了天生的美丽。她的面部、脖颈、肩膀及手臂都留下了丑陋的疤痕。不幸似乎没有放过她。10 天后，她腹中的胎儿也因为这次的烫伤引产死去。同时，曾经海誓山盟的爱人也断然离她而去……

奎罗特的生活一下子变得毫无生机，她甚至要绝望了。很多人认为奎罗特将在极度的沮丧中倒下去。然而，大大出人意料的是奎罗特却在亲友的激励下重新走上了体育之路。在她的心中，体育成了她活下去的信念。植皮手术后两个月，她开始做操、骑车。又一个月后，她竟然出院了。看护她的一个护士说：“我真不敢相信她会重新跑步。但是，在她开始训练的时候，我就意识到她一定会成功，因为她有超人的意志。”

在奎罗特烧伤后的第四个月，她竟然解开脖子上的托架，拆掉手臂上的绷带，绕着体育场跑了 5 圈！她兴奋地说：“我又能跑了！”

同年 11 月，奎罗特参加了在波多黎各举行的中北美及加勒比海地区运动会。这是她伤后第一场比赛。在这场比赛中，伤势还没有痊愈的奎罗特无法做到行动自如。她说：“我只能直着脖子跑，既不能右转，也不能向上动，我觉得自己像个笨拙的机器人。许多人认为我不能再比赛，更别说是拿奖牌。我就是要用行动来向世界证明——残疾人也能创造奇迹！”果然，奎罗特以2分5秒22的成绩赢得银牌。回国后，古巴总统卡斯特罗这样赞扬奎罗特：“这是我们有生以来见到的最令人难以忘怀的事情。奎罗特虽然只赢得了银牌，但她以勇敢的精神赢得了比金牌还宝贵的东西。”这位大胡子总统含泪拥抱了奎罗特。

1995年8月13日，当奎罗特以满脸疙瘩的丑模样奔驰在哥德堡世界田径赛上时，全世界人民都被感动了。更不可思议的是，奎罗特竟然以1分56秒11的成绩夺得了800米的冠军！全世界人民都流下了感动的眼泪，那是被她坚强的意志、坚韧的毅力所感动的眼泪！

任何人都难免遭遇挫折和低谷。但是，智者往往将挫折和低谷变成机遇。只有愚者才会从此在沮丧中放弃拼搏，使悲剧成为结局。

1939年，德国军队占领了波兰首都华沙，此时，卡亚和他的女友迪娜正在筹办婚礼。然而，卡亚做梦都没有想到，他和其他犹太人一样，光天化日之下被纳粹推上卡车运走，关进了集中营。卡亚陷入了极度的恐惧和悲伤之中，他不断地遭到摧残和折磨，他的情绪极不稳定，精神遭受着痛苦的煎熬。同被关押的一位犹太老人对他说：“孩子，你只有活下去，才能与你的未婚妻团聚。记住，要活下去！”卡亚冷静下来，他对自己许下承诺：无论日子多么艰难，一定要保持积极的情绪。

所有关在集中营的犹太人，他们每天的食物只有一块面包和一碗汤。许多人在饥饿和严酷刑罚的双重折磨下精神失常，有的甚至被折磨致死。卡亚努力控制和调试着自己的情绪，把恐惧、愤怒、悲观、屈辱等抛之脑后，虽然他的身体骨瘦如柴，但他的精神状态却很好。5年后，集中营里的人数由原来的4000人减少到不足400人。纳粹将剩余的犹太人用脚镣铁链穿成一长串，在冰天雪地的隆冬季节，将他们赶往另一个集中营。许多人忍受不了长期的苦役和饥饿，最后横尸于茫茫雪原之上。在这样的人间炼狱中，卡亚奇迹般地活了下来。他不断地激励自己，靠着坚韧的意志，维持着衰弱的生命。1945年，盟军攻克了集中营，解救了这些饱经苦难、劫后余生的犹太人。卡亚活着离开了集中营，而那位给他忠告的老人却没有熬到这一天。

若干年后，卡亚将他在集中营的经历写成一本书，他在前言中写道：“如果没有那位老者的忠告，如果放任沮丧、悲伤、绝望的情绪在我的心间弥漫，很难想象。我还能活着出来。”

卡亚用积极乐观的情绪救了自己。人的情绪对人体的身心健康起着至关重要的作用，能保持人的精神与躯体的健康，短暂的消极情绪不会对健康造成不利影响，但长期消极和不愉快的情绪，就会对人的健康带来损伤，严重的甚至引起疾病。因此，人在沮丧的低谷中一定要满怀希望，让希望支撑自己的精神，引领自己走出低谷。

石油大王约翰·D. 洛克菲勒在写给儿子的信中这样写道："孩子，当你精神上感到沮丧，想要放弃的时候，你真的会输掉一切；当你藐视挫折，坚持向前的时候，你不久就会明白，暂时的失败其实算不了什么！一旦你精神饱满地去克服困难，光明便会呈现在眼前！失败是一种学习经历，你可以让它变成墓碑，也可以让它变成垫脚石。"

可见，只有失败才能够让你认识到错误，失败是最宝贵的精神财富，是难得的学习机会。我们不应害怕失败，要重视从失败中获得的经验和启示。让我们来看看下面这个人的简历：

7 岁，全家被赶出居住的地方。

9 岁，母亲去世。

22 岁，生意失败。

23 岁，竞选州议员失败，同时失业。

24 岁，生意再次失败，并欠下一屁股债务。

25 岁，当选州议员。

26 岁，爱人去世。

27 岁，精神崩溃，卧病在床 6 个月。

29 岁，竞选州议长失败。

34 岁，竞选国会议员失败。

37 岁，当选国会议员。

39 岁，国会议员连任失败。

46 岁，竞选参议员失败。

47 岁，竞选副总统提名失败。

49 岁，竞选参议员再次失败。

看到这份简历，你肯定不会觉得这个人是幸运的，似乎失败总是伴随着他。但是，这个人却以顽强的意志力战胜了失败，在他 51 岁时当选为美国总统。这个人就是亚伯拉罕·林肯。他是美国历史上最伟大的总统之一。

现实生活中为什么有那么多沮丧者、平庸者？往往不是因为生活不公，

也不是因为他们不具备成功的条件，而是因为他们在沮丧时，在低谷中习惯选择放弃。因此，爱迪生说：“生活中的很多失败，都是因为人们在决定放弃的时候，并没有意识到自己正接近成功。”

有一所大学邀请一位资产过亿的成功企业家演讲，在自由提问时，一位即将毕业的大学生问：“我参加过多次校内创业，可是没有一次成功，最近参加多次校园招聘也没有获得一次签约的机会。对此，我常常会十分沮丧。请问我怎样才能成功？”这位企业家没有正面回答，而是讲述了自己登山的经历。

这位企业家登的是海拔 8848 米的珠穆朗玛峰。由于登山经验不足，加上高原反应很强烈，没有控制好呼吸，氧气消耗得很快。当他爬到 8300 米左右的高度时，突然发现有些胸闷，原来氧气已经不多了。此时，摆在他面前的选择只有两个，一个是一边往下撤，一边向半山腰的营地求救，生命应该没有危险，但登顶机会就只能留到下一次；另一种选择是，先登上顶峰再说。不肯轻易认输的他选择了后者。当他爬到 8400 米的位置上时，发现路边扔了很多废氧气瓶，他逐个捡起来掂量。在 8430 米左右的一个路口，他捡到了一个有半瓶以上氧气的瓶子。靠着这半瓶氧气，他登上了顶峰，并安全撤回了营地。

这位企业家的登山经历告诉我们，干事业，就像登山，受挫时，不要轻言失败，更不要轻言放弃。很多时候，只要再坚持一会儿，成功就会在下一个路口等你。而有时候，你觉得迷茫，是因为你还未悟得要领，只要再坚持一会儿，你一定能找到通向它的坦途，从而分享到成功的喜悦。

好榜样奎罗特为你领航

1. 面对沮丧和人生的低谷时，一定要保持冷静的头脑。不能放纵自己的消极情绪，要用希望之光时时激励自己，照亮自己的前途。

2. 学会控制自己的情绪。经常提醒自己及时清除沮丧抑郁等消极情绪，保持乐观的心态。

3. 用积极的心态培养挑战精神。每当遇到困难和挫折时，首先不要有沮丧感，而应习惯地提醒自己：“太好了！我挑战困难的机会又来了。我磨炼意志的机会到了。”

4. 面临人生低谷时，要注重用奎罗特这样的好榜样激励自己。

5. 注意保持良好的人际关系和积极向上的生活态度。平时乐于助人，出现困难和挫折时及时寻求朋友和亲人的鼓励和帮助。

11. 自信是走向成功的第一步

现在有很多青少年对自己的成才没有信心，他们总是只看到自己的不足之处，总是觉得别人太强大了。这是很错误很有害的心态。我很相信美国著名作家、思想家爱默生的一段名言：“相信自己能，便会攻无不克。不能每天凌越一个恐惧，便从没学得生命的第一课。”

贵州省贵阳市14岁的初二男孩小丹自杀前留下了一封遗书，从小丹的遗书中可以看出，他自杀的主要原因是对自己没有信心。他在遗书中写道：

敬爱（的）爸妈：

我已不存在，请不要悲伤。我很对不起你们，请原谅。

我知道你们把我养这么大很辛苦。但是呢，我又没有报答过你们。我的成绩从来没好过，我也不知道为什么。我也不知道从什么时候起我有想死的念头，我曾经有过几次想死，但是我还是不愿意过早地死去，但是这一次，我已经彻底地绝望，并不是什么原因，而是我已感到，我是一个废物，样样不如别人。而且由于没有交成绩册和补课本，（老师）没有（让我）报到，也没有（发给我）课本。今天我们班上来了个新生，侯老师对他讲：“后面的同学基本上都是差生……”我想，我也被老师列入了差生行列吧。我也感到很绝望。下午，我去问老师，星期一交行不行？据同学说，他的假期作业有两道数学题没有做（没有通过小组检查），老师说：“不行，今天不交完星期一就不准上课。”我真的绝望了。

我也想过，我一死会给你们带来什么呢？有坏处、有好处，我一死，会给你们精神上加了不少压力，好处是我一死，你们可以节约一大笔钱，你们可以不用愁我的开支，你们可以尽情的游玩，坐飞机、坐火车、坐轮船，而不用为我担心。我死了，也不要传开来。因为会带来别人所讲的闲话，使你们很不好。如果真的很想我，便给我写信，你们尽情地玩乐吧，你们也不要想不开，存折密码是1122（小丹的压岁钱的存折）。来生再见。

小　丹

97.2.20 10:17

另加一句话，妈妈不要责怪爸爸，爸爸也不要责怪妈妈。记住。

从小丹的遗书中不难看出，小丹其实是个非常懂事的好孩子，临死前还替父母想得那么周到！可是，他却太自卑了。如果他将自己的自卑心理及时告诉老师或父母，在师长的帮助下重新树立学习和生活的信心，他的前途肯定是很美好的。

德国精神学专家林德曼认为，一个人只要对自己抱有信心，就能保持精神和机体的健康。因而他曾于 1900 年 7 月驾着一叶小舟，驶进了波涛汹涌的大西洋，他要进行一项历史上从未有过的心理学试验。在他之前已经有 100 多位勇士相继驾舟均遭失败，无人生还。所以，德国举国上下都关注着他独舟横渡大西洋的悲壮冒险。林德曼推想，这些遇难者首先不是从生理上败下来的，主要是死于精神崩溃、恐慌与绝望。林德曼在航行当中，也遇到过人们难以想象的诸多困难，多次濒临死亡，有时真有绝望之感。只要这个念头升起，他马上就大声自责：懦夫，你想重蹈覆辙，葬身此地吗？不，我一定能成功！就这样，他终于胜利渡过了大西洋。

人只要对自己不失望，充满自信心，精神就不会崩溃，就可能战胜困难而获得成功。

在奥运赛场上，我国体育健儿凭着自信、拼搏的精神为祖国和人民赢得了无数的奖牌和至高的荣誉。在体育的这个世界里，坚定的自信心圆了很多人的世界冠军梦、奥运金牌梦，也给世人留下了一笔笔巨大的精神财富。

马燕红，1963 年 7 月 5 日出生于北京，8 岁时进业余体育学校练体操，15 岁的时候，她就获得高低杠冠军，成为我国第一位在世界体操锦标赛上获得金牌的选手，国际体操联合会还以她的名字命名了她完成的一个高低杠动作，随之，鲜花、掌声、赞美声一齐涌来。然而，天不遂人愿，在以后的一段时间里，她在一连串国内外大型比赛中发挥得并不好，一再受挫的她屡屡从杠上跌下来。伤病的折磨、青春期的焦虑，使她一度变得消极。但是，最终在坚定的自信心的激励下，马燕红决心冲刺对中国运动员来说意义重大的 1984 年洛杉矶奥运会。然而来到赛场时，她的胃病发作起来，按摩、点穴、打止痛针都不管用。临场前 10 分钟，她坚强地站了起来，心中默默地念着“我能”，就这样她一路领先，成为中国第一个奥运会体操冠军。

马燕红夺取奥运冠军的经历告诉我们，**在通向成功的崎岖道路上，我们无论遇到什么困难和挫折，都不能丧失信心，要充分地相信自己通过努力，一定会实现自己成才的目标。对自己有信心，是所有其他优良品质中最重要的部分，缺少了它，整个生命都会瘫痪。一个不自信的人不可能充分地挖掘自己的巨大潜能。**

尼克松是一位我们非常熟悉的美国前总统，是他首次打破中美关系的坚冰，来华访问，开启了中美友好外交关系的新纪元。但就是这样一个大人物，却因为不自信，对自己作出了错误的估计，在竞选连任时干出了荒唐的事情，结果毁掉了自己的大好政治前程。

1972 年，尼克松竞选连任时，由于他在第一任期内政绩突出，大多数政治评论家都看好他，预测他将以绝对优势打败竞争者，再任美国总统。

然而，尼克松本人却缺乏自信，极度担心自己会竞选失败。在这种潜意识的驱使下，他竟干出了令其后悔终生的蠢事。他指派手下的人潜入竞选对手总部所在地水门饭店，在对手的办公室里安装了窃听器。事发之后，他又连连阻止调查，推卸责任。虽然赢得了总统选举，可不久便因那次“水门事件”而被迫辞职。本来稳操胜券的尼克松，因缺乏自信而败走麦城，断送了自己大好前程。

这个案例充分说明，即使是像美国总统这样世界级的大人物，如果犯不自信的毛病，也会为此付出沉重的代价。

中国台湾出了一本书，书名叫《我叫谢坤山》。开头是这样写的：

“假如你瞎了一只眼睛，请问你会不会哭泣？假如你断了一条腿，你会不会悲伤？假如你失去了两只膀子，你会不会痛不欲生？假如三种灾难同时降临在你一个人的身上，你该怎么活下去？”

书的作者谢坤山 16 岁时被高压电夺去了一只眼睛和一条腿。所有的人都认为他完了，但是，十几年后，谢坤山成了台湾地区一位著名的画家，有一个美满的家庭，还有两个可爱的孩子，而且他们每天陶醉在欢乐与幸福之中。

谢坤山这么一个残疾人，最终却获得了成功和幸福，靠的是什么？是自信。自信是磨炼意志的基石，是人们事业成功的阶梯和不断前进的动力。

反之，如果一个人失去自信心，就会被颓废和绝望所困扰，甚至会毁掉自己的一生。**正如英国文学家莎士比亚所说：“自信是走向成功之路的第一步，缺乏自信是失败的主要原因。”**

法国曾有过这样一位军人，他似乎没有什么自信的理由：论个头，先天不足；论体质，瘦小孱弱；论智力，并不出众；论家产，一贫如洗；他既没有英俊的外貌，也没有雄辩的口才，只有一颗因自卑而自尊自傲的心。这样一个无论在政界或是在军界都很难出类拔萃的人，却取得了非凡的成功。这个人是谁？请记住，这个人就是在学生时代曾被人叫做“穷小子”的拿破仑。

拿破仑的成功验证了一句十分经典的名言：“请始终相信：英语里最

伟大的单词就是‘自信’”。拿破仑也曾说过一句十分精辟的名言：“‘不可能’这个词只有在愚人的词典里才能找到。”

其实，人与人之间天赋才能的差异，远没有我们所设想的那么大。许多青少年落后的主要原因，是由于不能充分地相信自己。一个没有脊梁骨的人是挺不直的。而自信心则是人的精神脊梁，一个人丧失了自信心，就什么事也做不成了。我曾对不同地区的 97 名初中生进行过问卷调查，发现竟有 16% 的人不相信自己会成才。有一位同学说：“凭我现在的成绩，永远也不能成才。”有一位女生写道：“我没有信心成才，因为我一直以我的成绩差而感到很羞耻，没脸见人。”另一位女生甚至认为：“我根本没有信心成才，因为我的成绩已经到了不可救药的地步了。”

有此类想法的人，在青少年中还大有人在。难道他们真的不可救药了吗？我认为“完全不是那么回事！”请看下面一个案例：

有一个乡村小男孩 9 岁那年到平阳县城高小当了插班生。这个放牛娃一进城，觉得城里的一切都新奇。他看新奇事物入了迷，渐渐贪玩起来，把学习的事放到了脑后，期末考试，排到倒数第一名。许多同学嘲笑挖苦他，有的老师也给他白眼。小男孩一泄气，一连三个学期都是班上最后一名。有些同学和老师便公开叫他“笨蛋”。

正当他痛苦彷徨的时候，地理老师陈玉峰把他叫到办公室和蔼地说：“我看你这孩子挺聪明，一点儿也不笨，只要肯努力，会学得好的，还可以考第一名。”他第一次听到老师说出对他信任的话，激动得直流泪。接着陈老师又讲了牛顿小时候读书如何由落后跃居全班第一的故事。小男孩听得入了迷，他想，牛顿小时候家里穷、学习差、受欺负，和自己的经历很相似，牛顿能奋发图强，成长为伟大的科学家，自己难道就这样落后下去吗？从此，他憋足了劲，树立起坚定的自信心，把全部精力用到学习上。每听一堂课，每做一道习题，都比别人认真、用功和自信。一分耕耘一分收获。期末考试，他出人意料地获得了全班第一名。从此，他的数学在小学、中学，直到大学，每次考试都得第一名。多年后，他竟然成为我国著名的数学家。他就是大数学家苏步青。

可是，在老师和同学们公开嘲笑苏步青是笨蛋时，一向自卑得抬不起头的苏步青何曾梦想过此生还会成为数学家。自从苏步青的自信心被地理老师陈玉峰唤醒之后，他的命运便开始改变了。

心理学家罗森塔尔曾做过这样有趣而发人深思的实验：他来到一所小学，向老师们介绍了自己的身份后，说要在各个班级里做学生能力“预测”，看哪些同学最有发展前途。他到各年级观察了解一番后，分别列了一些学生的名单交给老师，并对老师说：测出的这些学生是最有能力的。八个月后，他再次来到这所学校进行认真地测验，发现各年级列入名单的学生真的有了明显的进步。

心理学家罗森塔尔其实并没有进行真正的预测，只是做做样子而已。学生的名单是随便指定的。那么，随便指定的名单怎么会有预测功能呢？

原来，老师十分相信专家的预测，此后，常常对这些学生投以信任的目光，期待他们进步，即使这些学生出现差错，也相信他们能改正。老师的信任和期待给予这些学生极大的鼓舞，他们的自信心、进取心和责任感日益增强，终于出现显著进步。

苏步青的成才和心理学家的这一实验表明：鼓励、信任和期待是培养人的自信心和进取心的有力手段。培养自信心对一个人的成才极其重要。

然而，现实生活中，我们却经常看到这样的情况：有的同学因为被划到“慢班”，或几次考试成绩不理想，或没考入“重点”中学，就认为自己不如别人，有的甚至一蹶不振，“破罐子破摔”，这是多么可惜啊！

其实，这时候只要你的自信心升起来，你成才的希望也开始升起。暂时的落后于人并不是因为你的天赋造成的，可能是因为方法不当，或用功不够，或基础不扎实等。一个时期落后于人决不能表明你永远不如人，更不能表明你永远不能成才。这是最基本的道理。

世界著名成功学鼻祖拿破仑·希尔，在20世纪初的几十年里，研究了当时美国最成功的500多位伟人、名人，如美国总统、大发明家爱迪生、汽车制造创始人福特、电话发明人贝尔、飞机发明者莱特兄弟等，发现了17条成功准则。而这17条中的头一条，就是积极的心态。

拿破仑·希尔还把“积极的心态”称之为成功者的“黄金定律”，因为另外16条成功准则若没有“积极的心态”贯穿始终，也不能很好地发挥作用。

令人非常惋惜的是，如今却有很多青少年，他们因缺乏成才的信心而放弃了奋斗，很多同学由于缺乏成才的信心，丧失了远大的理想，便开始早恋、痴迷于网吧等，以此来麻醉自己，消磨宝贵的光阴。有的同学甚至交上了坏朋友。有一个叫小静（化名）的同学，在小学、初中成绩一直都名列前茅，可是，到高中后，因为那里都是从各地招考进去的优秀生，他的成绩只能勉强算个中游。但他不是通过增强信心向前追赶，而是到网吧里去寻找刺激，在好的方面不如别人，他就希望在坏的方面引起同学的注意。后来，他因犯团伙抢劫杀人罪而被判处8年有期徒刑。

小静的同学康锋也曾一度因缺乏成才的信心而与他一起双双在网吧放

纵自己，学习成绩一落千丈，他因此经常被父母拳脚相加。但所幸的是，后来康锋的父亲想到了向我咨询。在我的鼓励下，他们父子俩都树立了信心，康锋从此告别了黑网吧，全身心投入到学习之中。三年后，他考上了大学。2005 年 3 月中央电视台“当代教育”栏目分别采访了上述两个少年，并制作了两个专题节目，一个片名为《迷失在春天》，一个片名为《康锋的网事》。

不同的选择，导致截然不同的人生前途。小静，这个曾经学习成绩很好的少年遇到挫折后丧失了信心，从学校逃课走向黑网吧，然后走向犯罪的深渊。他的伙伴康锋也曾在黑网吧里消沉过，但在父母的教育下，他重新树立信心，彻底告别黑网吧，回到正确的人生道路，走向了美好的未来。因此，我衷心地告诫青少年千万别因为一时的落后而丧失成才的信心。其实，成才就像一个漫长的赛跑，落在同学后面几圈根本不要紧，只要你不断增强自信心，只要你永不放弃，只要你坚定前进的方向，只要你树立起坚定的自信心，你就一定能追赶上去，一定能取得成功。

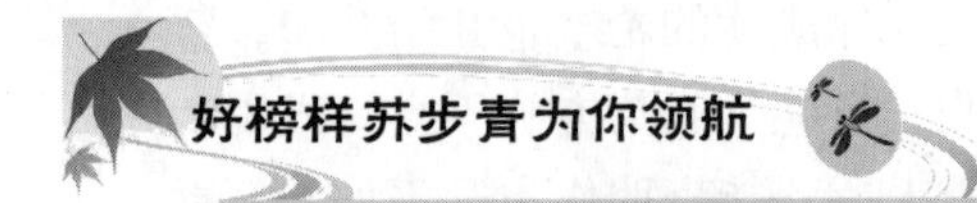

好榜样芥步青为你领航

1. 无论何时出门去，都要收进下巴，抬起头，在阳光下酣饮；用微笑迎接你要办好的事，不需要害怕做不好，不需浪费一分钟去害怕困难。

2. 确定一条激励自信心的格言作为座右铭，每天集中思想思考几分钟，以便在自己的内心产生一幅清晰的精神画面。比如奥运冠军马燕红总是在心中默念“我能！我能！”

3. 懂得用自我暗示来增强自信心。牢记自己内心的愿望，及时消除头脑中的消极念头。凡遇到问题时不说“不可能”、“不行”、“没办法”之类的词语，而应该使用“做做看”、“一定能成功”、“有兴趣”之类的词语。

4. 要刺激目标意识。著名的棒球好手鲍比·琼斯曾说：“假如没有严格的目标意识，一切训练都将失去意义”。此种目标意识显然非常重要，为了继续维持它，必须要不断刺激自己，使自己保持自信心。这是左右成功的关键所在。为了实现目标，自己的心中要时刻充满完成任务的欲望和信心。

5. 如果你树立了坚定的自信心，无论在什么情况下都相信自己能成功，那么，你离成功已经不远了，只要你坚定地走下去，你就一定能创造属于自己的奇迹，做自己的奥运冠军。

12. 一定要坚强地活着，活着就有希望

人最宝贵的是生命，生命对我们每个人都只有一次。然而，据北京一家心理研究所的统计，我国每年约有 28.7 万人自杀身亡，每年至少有 200 万人有 1~4 次自杀未遂的经历。由此可见，不珍爱生命已是目前比较严重的社会问题。

研究表明，青少年自杀是由于他们缺乏精神力量，很多青少年一旦身处痛苦境地时，就无法从痛苦中解救自己，也无法在失望中看到生命中的积极因素。

当你觉得自己实在无法生存下去而想结束生命的时候，你不妨学一学美国奥运冠军盖·德弗斯不向命运屈服的拼搏精神。

1990 年，美国女子运动员盖·德弗斯被告知自己的生命将在 12 个月内终结，但是，她没有向命运屈服，她不断努力，战胜了“身处坟墓一样可怕的病”，于 1992 年获得了奥运会女子百米赛跑的冠军，被誉为“从坟墓中爬出来的冠军”。

盖·德弗斯用不屈的精神和伟大的业绩告诉我们，面对苦难，面对死神的威胁，我们不必惊惶失措，更不必绝望。只要我们不放弃生命，就没有战胜不了的困难。

兰斯·阿姆斯特朗 1971 年出生于美国得克萨斯州。16 岁时，阿姆斯特朗参加了在达拉斯举行的“钢铁少年”比赛，在他高中的最后一年，入选了全美少年自行车队，阿姆斯特朗作为职业选手的第一次比赛，是 1992 年的圣塞巴斯地安经典赛，虽然阿姆斯特朗当时只获得最后一名，但是他在比赛过程中始终没有放弃。

1996 年秋，阿姆斯特朗在参加完欧洲赛事后回到得克萨斯，此时的他正处于意气风发的职业上升期。然而，回到家中的阿姆斯特朗却感到身体不适，到医院一检查，被告知患上了一种扩散速度极快的睾丸癌。

在随后的一个星期内，阿姆斯特朗做了三次大手术，接下来的化疗过程几乎完全摧毁了他的身体。当时的阿姆斯特朗，癌细胞已进入了他的肺和大脑，医生断言，他生存的希望只有 3%。

3 个多月的时间，阿姆斯特朗一直躺在医院里，不断地接受手术和化疗，身体强壮的他被癌症折磨得弱不禁风。但阿姆斯特朗似乎有一种不可战胜的力量，病中的他对前来采访的记者说：“我一定能战胜癌症，重新作为

一名职业赛车手去参加比赛。”

在病情稳定之后，阿姆斯特朗就迅速恢复了训练，他强烈渴望用胜利来证明自己。1998 年，在被确诊癌症的 17 个月后，美国邮政车队接纳了这个不服输的年轻人。1999 年，阿姆斯特朗终于赢得了他梦寐以求的环法桂冠，环法从此进入“阿姆斯特朗时代”。2004 年，阿姆斯特朗第六次夺冠，成为百年环法历史上第一位六冠王！每年 7 月，数以千计的美国人都会包机前往法国，只为观看环法和阿姆斯特朗。

有人问阿姆斯特朗战胜癌症的动力是什么？他回答说：“我母亲告诉我，人一定要坚强地活着。我爱我的母亲，所以当我产生了放弃的念头时，就想想母亲，然后咬牙挺过来。”

因此，当你觉得自己实在支撑不下去而想放弃生命的时候，想想阿姆斯特朗的经历，你还有什么大不了的困难不能战胜呢？挺一挺吧！你同样会创造一个个属于自己的奇迹。

张海迪 1955 年 9 月出生于山东省济南市，她 5 岁时因患脊髓血管瘤先后动过 4 次大手术，摘除了六块脊椎板，身体胸部以下全部失去知觉。严重的高位截瘫，使她自幼失去了站立的能力。但她以坚强的意志和勇气向命运挑战，她自学了小学、中学的全部课程，学会了英语、日语、德语和世界语。她先后创作出版了荣获“庄重文学奖”和“奋发文明进步图书奖”一等奖的长篇小说《轮椅上的梦》和散文集《生命的追问》，她还用自己的稿酬建立了一所希望小学。张海迪说：“即使是一颗流星，也要把光留给人间。”为了表彰她的突出贡献，1983 年共青团中央授予她“优秀共青团员”的称号，并作出了“向张海迪学习”的决定，中共中央批转了共青团中央的报告，号召全国人民、特别是青少年向张海迪学习。

后来，她继续深造，获得了哲学硕士学位，成为中国第一位坐在轮椅上的哲学硕士。她还出版过歌曲磁带，拍摄过 MTV，当过董事长，甚至还参加过远南运动会！能够想象吗？轮椅上的张海迪，这个以痛苦拷问生命而又以希望烛照生命的人，却像天使一样在自由地飞翔！她珍爱生命，不断奋斗的精神曾深深感动了国内外数以亿计的人们。许多对人生绝望的人在张海迪精神鼓舞下学会了珍爱生命，懂得了生命的珍贵，奋斗的价值。

张海迪在《关于活着》这篇文章中语重心长地对读者说：

今天，我还是不断鼓励自己好好活着，还是装得像没有病、没有残疾一样，我让自己忘掉不幸和痛苦，虽然很痛苦，但我知道，活着就是一种

忍耐，必须有耐心地活着，耐心地做好每一件事。

我一直努力做一个真正坚强乐观的人，做一个让别人喜欢的人。因为我只有这一次活着的机会，因为我死后再也不能复生了，所以，有一次活着的机会就要好好地活着。

我让自己真诚地对别人微笑，不让自己因为病痛而变得古怪和叛逆。我从不这样想问题——为什么我有病而别人没有。病痛是我自己的事，我不能把这痛苦强加到别人身上。其实谁也不知道会遇到什么麻烦或不幸，就好比出门遇到一座大山，你不能抱怨，只能想办法翻过去。面对困境抱怨是最无力的语言。

我有时候也幻想——假如还能再活一回多好！哪怕受更多痛苦，但毕竟是活着啊！

其实，张海迪少年的时候也曾经对人生很绝望，她服下大量安眠药后，切实体验到自杀竟是那样的痛苦。她马上又产生了强烈地要活下来的欲望，并在房间里拼命呼救。幸亏医生抢救及时，张海迪才活了下来。

试想，如果张海迪小时候因为自己终身不能站立起来而自杀身亡，她还有可能取得如此辉煌的成就吗？如果她不选择奋斗，如果她总是向苦难屈服，她的生命会那样有价值吗？因此，我们一定要珍爱生命，敢于向命运挑战，敢于向苦难挑战，充满信心地创造美好的人生。

还有一个非常珍爱生命的好榜样值得青少年学习，她叫毛艳娇。

毛艳娇 1973 年出生于湖南省涟源县的一个农村家庭，家中姐弟 5 个，她是老大。1989 年，毛艳娇考上了省重点中学——涟源一中。由于家庭困难，她不得不辍学打工供弟弟妹妹读书。1989 年 8 月，毛艳娇带着两件换洗衣服和一袋子东借西凑的高中教科书，跟着老乡来到广东东莞东华电子厂做了一名绕线工。在那里，她每天工作 9 小时，每月工资 150 元，这是当时她家最稳定的经济来源。

生活如此艰难，可毛艳娇心里却还隐藏着一个强烈的愿望：三年内自学完高中课程。为了完成这个学习计划，毛艳娇每天晚上 7 点下班后，以最快的速度吃完饭，立即赶到宿舍看书。到了晚上，别的工友都进入了梦乡，她还在洗衣房点着蜡烛学习。毛艳娇的上进心被经理看在眼里，不久就把她提升为车间主管。1991 年下半年，深受领导赏识的毛艳娇又被委以分厂厂长助理的重要职位。从一个普通打工妹，一跃成为一个主管，毛艳娇似乎看到了越来越光明的前途。然而，正当她踌躇满志的时候，厄运却如张牙舞爪的魔鬼狰狞地向她扑来——她患癌症了。毛艳娇惊呆了，她呆呆地坐了一整天，表面上风平浪静，内心却波涛汹涌。自己才 19 岁啊，刚刚当上了工厂主管，弟妹们还等着自己挣钱供她们读书，父母还指望着自己撑起这个家庭，自己甚至还没来得及谈一场恋爱，命运竟如此残酷啊！但毛艳娇不想输给病魔，她想治疗，她住进了长沙 163 医院肿瘤科，开始了漫长的抗癌之旅。

在死亡一步步向她逼近时，毛艳娇想到的是——“哪怕只有百分之一的希望，自己也要作百分之百的努力！”她是何等地珍爱生命啊！后来，她花了长达 10 年的时间一边与癌症搏斗，一边继续自学，最终，她不仅战胜了死神，治好了癌症，而且自学完了高中、大学的课程，还攻读了 MBA，成为一个年薪 10 万的高级管理人才。这期间她忍受了多少痛苦和艰辛啊！

300 多年前，一艘贩运黑奴的帆船在横渡海洋时，触礁沉没，船上的 8 名水手和 100 多名黑奴，全被抛进无情的大海里。最后，有一名苏格兰水手，靠着顽强的毅力，漂游 100 多海里，游到了一个荒无人烟的小岛。这名水手就是名著《鲁宾孙漂流记》中的鲁宾孙的原型，28 年后，鲁宾孙被路过的另一艘帆船带到了陆地上。

当人们问及鲁宾孙何以能生还时，他说：“当时，我看到眼前不远的地方有一根稻草，也许是幻觉，其实什么也没有，因为我无论怎样游，总是不能接近它，因此，我就继续向前游，企图抓住那根稻草。”

一根并不存在的稻草，让一个人跨越了生与死的距离，一个荒无人烟的小岛，又让生命创造出奇迹。这个故事让我们再一次领略到了生命的珍贵和信念的力量。也许生命中，本就没有什么跨不过的坎，只是在苦难面前，有的人往往看不见那根稻草，即便看见了，也因一时抓不到而无限懊恼，随即放弃努力。

有很多青少年，他们的身体是那样健康，家庭是那样幸福，可他们却并不珍惜，遇到一点点困难就害怕，动不动就想一死了之，既不珍惜自己的生命，也不尽自己的责任，这是十分错误的。那么，我们应该怎样学会珍爱生命呢？

1. 要始终保持积极乐观的人生态度，凡事不要想得太悲观、太绝望，否则你眼中的世界将是一片灰暗。应该始终对自己的前途、对生活充满信心。当你落后于别人被人们瞧不起的时候，千万别对未来对生命丧失信心，要坚信自己是一只睡着的老虎。睡虎醒来怒吼的时候，群山都会被震撼。

2. 要能够正确地认识自己，充分肯定自己的优点，千万不要以分数、名次论英雄。

3. 应该不断地增强自己承受压力和挫折的能力。一旦遭受挫折要积极调整自己的心态，可以暂时适度调低自己的目标，或者重新反省一下自己，再尝试几次，也可以从其他方面寻求补偿。不管什么样的挫折都是暂时的，要看到未来的希望，必要的时候可以宣泄自己的抑郁情绪或求助于周围的人。

4. 不仅要重视学业和身体健康，也要重视心理健康。青少年心理健康问题并不是哪个国家、哪个文化或哪个学校特有的问题，而是全球的公共卫生问题。

5. 当情绪低落时，不妨去孤儿院、医院，看看世界上除了自己以外，还有多少不幸的人们。如果情绪仍不能平静，就积极地去和这些人接触；和孩子们一起散步，把自己的注意力，转移到别人身上，并重建自己的信心。通常只要改变环境，就能改变自己的心态和情绪。

6. 改变你的习惯语。不要说“真倒霉”等一些消极的词语，而要说“忙了一天，现在真轻松”；不要说“他们怎么不想想办法？”而要说“我知道我将怎么办”。

7. 积极参加健康向上的文娱、体育活动，远离网吧和毒品。

8. 培养自信心和良好的人际关系。青少年心理问题的三个重灾区是学习、情感和人际关系，而成功人士生活的三大支柱是信仰、良好的家庭关系以及高度的自信心。

9. 要给自己树立良好的榜样。当你遇到困难的时候，当你对前途对人生失去信心的时候，一定要坚强地挺住，要坚信，人生没有翻不过的火焰山，没有战胜不了的困难和挫折。无论多苦多难，都要鼓励自己好好活着，学会让自己忘掉不幸和痛苦，学会耐心地去做好自己应该做的每一件事，学会做一个真正坚强乐观的人。

13. 战胜恐惧，像神一样无所畏惧

13. 战胜恐惧，像神一样无所畏惧

恐惧是人类最原始的认识之一，它是人类生存本能的反应。恐惧会让你停滞不前，使你的目标永远无法实现；恐惧会使你囿于现状，不敢进取，安于平庸的生活。但是，经过适当调整，恐惧可以转化为一种新奇刺激的情绪，帮助你突破个人的极限。

勇于战胜恐惧心理，勇于挑战任何困难，勇于挑战任何强手，这是成功的重要秘诀。

12 岁开始接受羽毛球训练，少年得志的张宁 16 岁就进了国家队，但磨难也接踵而至。与其他球类项目一样，一名球员最大的悲哀不是遇到强手，而是被强手点到“死穴”。

虽然张宁的打法富有攻击性和杀伤力，但是技术上不够细腻和网前小球处理欠火候是她的两大“弱点”，因此，张宁先是被印尼队的名将王莲香死死“克住”，经过几年磨砺，张宁终于找到了击败王莲香的办法，但王莲香退役了。接着，印尼队又冒出个高手张海丽，并且这个张海丽一样让张宁历尽坎坷。张宁第一次遇到张海丽是在 1994 年尤伯杯女团决赛上，在印尼观众震耳欲聋的喊叫声中，张宁发挥大失水准，以 1:2 败给了比自己还小四岁的张海丽，中国女队也因此丢掉了尤伯杯。这场比赛对张宁影响很大，失败的阴影久久挥之不去。

张宁暗下决心，对强劲的对决不能恐惧，要像神一样无所畏惧，一定要勇于战胜“克星”张海丽。很快，又有一座大山横亘在她的面前，那就是丹麦名将马汀。

张宁决定卧薪尝胆，多年来遭遇的磨难使张宁学会了隐忍和等待，学会了勇敢与坚强。

常言道：“两强相逢勇者胜。”这种“勇”，不仅是一种超越自我的精神，一种傲视困难和坎坷的性格，更是一种敢于挑战的勇气，一种临危不惧的胆量！

在 2002 年的韩国公开赛上，张宁一举战胜了强手马汀，在女单比赛中夺冠，荣登世界排名第一的宝座。一年之后的 2003 年世锦赛上，冤家再次碰头，张宁又与马汀、张海丽同处一个半区，雪耻的时间到了，在张宁的拍下，两名昔日“克星”各有一局被“剃了光头”。最后张宁站到了世界女子羽坛最高峰。在 2004 年雅典奥运会上，令张宁刻骨铭心的对手张海丽又站在了她面前，10 年前的对决再次上演。面对张海丽这种身材

不占优势，但经验极其丰富，作风极其顽强，心态极其稳定的球员，中国队的球员很容易陷入困境。但过去痛苦的经历，激励着张宁以百倍的勇气战胜对手。果然，在第一局中，张宁不占上风。但她并没有丝毫畏惧。第二局，张宁逐渐找回了感觉，在与张海丽的互相拉锯中以11:6扳回一局。决胜局中张宁勇往直前，乘胜追击，开场便以3:0领先，继而凭借体力上的优势以10:5的比分拿到赛点。尽管张海丽顽强地将比分扳为7:10，但关键时刻张宁凭借精彩的网前扑杀赢得了比赛，迎来了问鼎奥运金牌的辉煌。

张宁的成功是勇敢者的成功。面对如此强劲的对手，没有勇往直前的英雄气概，张宁是不可能取胜的。但这种勇敢并非是一时之勇，张宁为了战胜强敌，花了长达10年的时间刻苦训练，战胜自己并战胜种种艰难困苦。

造成许许多多青少年不能走上成才之路的主要原因之一，就是这些青少年对“不可能”这个词太熟悉了。他们总是在困难面前表现得很恐惧。**成功起源于有成才的意识，它降临在有成功勇气的人身上；反之，不能成功的根源在于不能成功的意识，它出现在那些没有勇气成功的人身上。**

第一个为祖国夺取世界乒乓球单打冠军的容国团曾是香港的一个穷孩子。他只读了7年书，刚满13岁便被生活所迫，到一家渔行当了童工。他每天早晨三四点钟起床，搬鱼捡鱼，跑腿打杂。不久，容国团便染上了肺结核。

生活的艰辛不仅没有压垮容国团，反而造就了他藐视一切困难的无畏品质。在工人师傅的关照下，他常用工余时间到工人俱乐部去打乒乓球，并迅速成长起来。经过几年的艰苦训练，容国团的球艺不断提高。他开始向香港乒坛的一流选手挑战。

穷孩子要在香港成为体育明星，其艰难性是可想而知的。他本应是参加亚洲锦标赛的当然代表，但临上飞机之前换人了。接着，在日本乒乓球队访港时，容国团又被安排与刚刚获得世界乒乓球男子单打冠军的荻村相拼。这是存心想借荻村之刀，杀杀容国团的威风。工人们都提醒他多留心。

“我是瓦缸，他是瓷器，我不怕他！”容国团对工人们坚定地说。

17岁的容国团竟有如此勇气，人们放心了。结果，容国团竟以2:0大败对手。他以穷人家的孩子特有的勇敢和智慧让那些存心要看笑话的人失望了。香港震动了，容国团的名字一下子家喻户晓。那些妄想存心狠狠打击容国团的人，不仅没有吓倒容国团，反而使他获得了成功。

容国团当然不会就此陶醉。他开始琢磨荻村发球一会儿转一会儿不转的绝招。不久，他也掌握了，并加以提高了。转与不转的概念和技术，是容国团对世界乒乓球运动的重要贡献。他于1959年参加第25届世界乒乓球锦标赛，战胜了许多世界名将，为中国夺得了第一枚乒乓球男子单打世界冠军金牌。第26届世界乒乓球锦标赛，容国团又为中国第一次获得世界乒乓球男子团体冠军作出了重要贡献。1964年，他担任中国女子乒乓球队的教练，率队获得第28届世界乒乓球赛女子团体冠军。国家体委两次给他记特等功，多次授予他体育运动荣誉奖状和奖章。

“人生能有几回搏”这句名言最先出自容国团之口。歌德说：“勇敢里面有天才、力量、魔法。”一个穷人家的无名小辈要与世界冠军拼搏，谈何容易？没有足够的勇气，当然是不敢去拼的。而不敢与世界冠军拼搏的人，永远也休想成为世界冠军。

青少年在成才的道路上常犯的毛病，就是缺乏勇气。“我不敢冒险。”“我怕经过多年苦读而考不取大学被人耻笑。”“我怕自学多年不能成才而遭人议论。”“我怕这事干不好被人瞧不起而失去自尊心。”这也怕，那也怕，还能成才吗？躺在沙发上，卧在席梦思上能学得会飞行吗？可以断言，世界上从没有也永远不会有不经风雨就生长成熟的果实，也不会有不经拼搏就能夺魁的人。青少年要想成才，必须勇敢地去迎接成才道路上的无数困难、障碍、挫折以及对手。当审时度势，科学的方法与你的勇敢精神融为一体时，你便会在成才的长途中展翅凌空，翱翔万里。

纵观古今，不知道有多少仁人志士靠着勇气获得了成功。虽然有勇不一定能成大事业，但无勇一定会一事无成。没有了勇气，就没有成功。勇气是迈向成功的第一步！

英国皇家学院公开张榜为大名鼎鼎的教授戴维选拔科研助手，年轻的法拉第也报了名。但就在临近考试的前一天，他却被取消了考试资格，委员们傲慢地嘲笑说：“没有办法，一个普通的装订工人想到皇家学院来，除非你能得到戴维教授的同意！”

法拉第犹豫了，他在最初报名时其实已经是鼓起了莫大的勇气，现在，他的勇气再次面临考验——如果不能见到戴维教授，自己就没有机会参加选拔考试；但一个普通的书籍装订工人想拜见大名鼎鼎的皇家学院教授，会得到理睬吗？

法拉第顾虑重重，但为了实现自己的人生梦想，他最终还是鼓足勇气敲响了戴维教授家的大门。事实上，戴维教授家的大门并没有紧闭，随时都在恭候着人们的光临，所以，法拉第不仅见到了戴维教授，而且得到了教授的推荐。

经过严格而激烈的选拔考试，书籍装订工法拉第出人意料地成为戴维教授的科研助手，他不仅走进了英国皇家学院那高贵而华美的大门，更从此迈入了瑰丽多姿的化学世界。

提到法拉第的成功，我们多数人常常将之归功于法拉第的勤奋努力和戴维的慧眼识人，但却恰恰忽略了一个十分重要的细节——当时仅仅是一个装订工人的法拉第，如果没有足够的勇气走到赫赫有名的戴维教授的身边，那么，后来所有光耀千古的科研成果都可能无法诞生。

胆怯者往往会遭遇各种挫折，而勇敢者却常常会有相似的经历。与法拉第有过相同经历的还有中国的科技型企业家吴鹰。

1985 年，时年 24 岁的吴鹰到美国时身上只有 30 美元，且刚下飞机就捐出了 2 美元。

半年后，学业负担越来越重，吴鹰依然很清贫，在外打工收入有限，学习也受影响。吴鹰开始着急了，如何才能尽快改善经济状况？一则招聘广告吸引了他的目光——一位教授要请一位助教。这是一个难得的机会，收入丰厚，又不影响学习，还能接触到最先进的科技资讯。吴鹰心动了，立即赶往报名处，可那儿已经挤满了人！

取得报名资格的学生超过了 30 个，而名额只有一个，希望渺茫。考试前几天，几位中国留学生使尽浑身解数，打探起主考官的情况来。经过种种努力，他们终于弄清内幕——主持这次考试的教授曾在朝鲜战场上当过中国军人的俘虏！

中国留学生们这下全死心了，“把时间花在不可能的事情上，再愚蠢不过了！”

吴鹰最要好的一位朋友也劝吴鹰：“你算了吧！把精力分出来多刷几个盘子，好歹多挣点儿学费！”

吴鹰笑了笑，不反驳也不点头，朋友直叹气：“你怎么这么顽固，非得碰了壁才肯回头？”

吴鹰如期参加了考试，终于坐在了教授面前，他很放得开，完全融入了助教这个角色中。

“OK！就是你了！”不知过了多长时间，教授的一句话惊醒了吴鹰：“我？我真被录取了？”

教授微笑着说："你知道我为什么录取你吗？"

吴鹰诚实地摇了摇头。

"其实你在所有的应试者中并不是最好的，但你不像你的那些同胞，他们看起来好像很聪明，其实最愚蠢不过了，还扯上几十年前的事干什么。我很欣赏你的勇气，这就是我录取你的原因！"

这件事在他心中掀起了波澜，这是他在美国上的人生重要一课啊！通过这一课，吴鹰真真切切体会到了：做人应该自信，要勇敢啊！

吴鹰后来才听说，教授的确当过中国军人的俘虏，但当年中国士兵对他很好，根本没有难为过他，他至今还念念不忘呢！

吴鹰十分珍惜这一宝贵的学习机会。他要为自己将来办高科技公司打下坚实的基础。

苦心人，天不负。经过十多年的勇敢拼搏，吴鹰创办的公司在美国的股票市值达到70亿美元，他被美国著名的商业杂志《亚洲之星》评选为最有影响力的50位亚洲人之一。

"真正的伟人，是像神一样无所畏惧的人。"这是古罗马哲学家塞尼卡的名言。从奥运冠军张宁，到科学家法拉第，到企业家吴鹰，还有古今中外无数的成功者，他们的成功都是对塞尼卡这句名言的极好注解。一个人如果能在任何困难和挫折面前都能勇敢地面对人生，无论遭遇什么强者和困难，都能勇于拼搏，保持不屈的拼搏精神，他就是生活中的强者，一个真正刚强勇敢的人。只有勇往直前，无所畏惧的勇者，才能达到常人无法企及的高度。

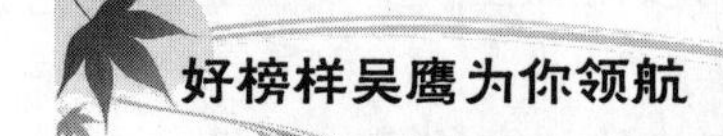

好榜样吴鹰为你领航

1. 生活之门在开启之前，成功与失败都无从断定，当它对你关闭着的时候，你寻求成功的第一步就是：必须具备敲门的勇气。

2. 像奥运冠军张宁那样以你的全部热忱开始行动，不必害怕对手，不必畏惧任何困难和挫折，抓住每一个机会执行自己的决定，不要为自己准备退路。

3. 要让生活充满激情和快乐，在遇到挫折时依然拥有新的希望和梦想。

4. 像西点军人那样，走路必须挺起胸膛。这既是一种姿态要求，也是一种气质要求。走路必须高昂着头，挺直腰板，既有军人的雄健威武，又有绅士的儒雅风度。西点认为：从长远来看，有意识地与自身的恐惧作斗争，培养勇敢精神，才是可以彻底战胜疾病、战胜困难的唯一选择。

5. 罗斯福总统说过：“我们唯一需要恐惧的是恐惧本身。”由此可见，世界上并没有什么值得我们恐惧的。拿出些勇气来吧，面对挑战，我们最需要的是无所畏惧，如果你能做到这一点，你就一定能创造属于自己的奇迹，做自己的奥运冠军。

三、良好的性格是获胜的法宝

14. 有“天赋”也需要努力

谈到成功人士，谈到奥运冠军的辉煌人生，许多人会很自然地认为自己没有别人那样的天赋，认为自己的平庸和奥运冠军们的辉煌主要是由天赋决定的。他们总是认为奥运冠军和自己的不同之处在于，奥运冠军们一般都拥有超人的天赋和上苍赐予的超能。

但事实上，没有一个人能在全世界找到一个靠天赋而不是靠后天的拼搏而成功的奥运冠军。

当一些名人和伟人取得令世人瞩目的成绩时，我们总是看到他们上升到了一个我们需要仰视的高度，但却忘记了他们曾经付出的努力也同样达到了我们所不能企及的程度。汗水总是流在无人看到时，辛劳总是隐藏在光环的背后，一切成功都离不开长期默默无闻地艰苦奋斗。勤奋，是人生成功的黄金法则。勤奋，会让你增加本领，丰富智慧，创造财富，获得欢乐。懒惰的人、不肯吃苦的人、贪图享乐的人，即使他拥有得天独厚的天赋，也永远难以开启那充满艰辛与汗水的成功之门。

1960 年 8 月 25 日，意大利首都罗马燃起了象征和平与友谊的奥林匹克火焰。这次奥运会上，美国女运动员威尔玛·鲁道夫声名鹊起。但是谁能想到她在刚学走路时就长期患病卧床，4 岁又患小儿麻痹症，只有住在她家附近的一位老人成了她的朋友。经过 7

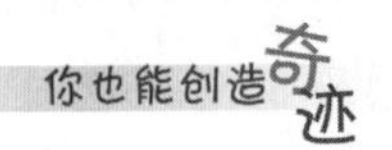

年每周100英里的康复训练，11岁时，她终于丢掉了拐杖，得以正常行走。然而，小姑娘并不满足，她经过艰苦训练，不断进取，终于成为田径场上一颗耀眼的明星，被人称为“黑羚羊”。罗马奥运会前夕，她创造了200米跑世界纪录。随之在奥运会女子100米决赛中，她以11秒18第一个撞线，观众都为她喝彩，高呼她的名字：威尔玛·鲁道夫。那一届奥运会，她得到了3枚金牌。这位奥运冠军之所以能取得如此辉煌的业绩，并不是靠天赋。论“天赋”，她不如任何一位普通的健康人。她当初的梦想只是能像普通人一样正常行走。

奥运冠军邓亚萍最喜欢的一句格言就是：“没有超人的付出，就永远也不会有超人的成绩！”

邓亚萍用自身的经历告诉了我们，普通人与天才并非天生注定，从平凡到辉煌，从普通人到天才所走的路只有一条——勤奋！

童年的邓亚萍，有着自己非凡的梦想，那就是要成为一名出色的乒乓球队员，进国家队，拿金牌！因此，她非常希望自己能够进体校学习。但是，小邓亚萍个子矮小，根本就不符合体校的要求。很遗憾，体校的大门没能向矮个子的邓亚萍敞开。但邓亚萍并不相信“天赋论”，她坚信自己的吃苦精神和拼搏精神。超人的拼搏必将换来超人的业绩。

在经历了无数次炼狱般的训练之后，邓亚萍理所当然地走上了乒乓球运动的巅峰，取得了让世人瞩目的成绩——

1989年在第40届世界乒乓球锦标赛上，邓亚萍夺得了女子双打冠军；

1991年在第41届世界乒乓球锦标赛上，夺得女子单打冠军；

1992年第25届奥运会上，邓亚萍凭借着自己出色的表现、扎实的基础和高超的技术，一人独获女子单打、女子双打两枚金牌……

邓亚萍的成功，此时不仅已震惊了中国，也轰动了全世界。

然而，邓亚萍并没有骄傲过。1996年，她又摘取第26届奥运会两枚金牌；1997年第44届世乒赛摘取3金；1997年全国八运会两捧金杯。此外，她还在国内外一系列重大比赛中多次获得冠军，直至邓亚萍退出国家队，她一共获得了14个世界冠军和4块奥运金牌，被誉为世界乒坛上的“小个子巨人”、“乒坛魔女”、“乒坛皇后”。

邓亚萍的经历向我们再次证明，一个人的成功并不取决于她的天赋优势，而更在于她自身的努力程度，是否是一个勤奋的人。

正如伟大的文学家鲁迅先生所说的那样：“即使是天才刚出生的第一

声啼哭也和普通婴儿一样，决不是一首好诗。”他还说过：“我哪里是天才，我是把别人喝咖啡的时间都用在工作上了。”

有人曾经做过这样一个实验：

他在一个玻璃杯里放进一只跳蚤，这时，跳蚤立即轻易地跳了出来。他又把跳蚤放进去，结果，它又轻易地跳了出来。重复几遍，结果都一样。实验者发现，跳蚤跳的高度一般可达它身体的400倍左右。

接着，实验者把这只跳蚤放进杯子里后，立即在杯子上加一个玻璃盖，只听见“嘣”的一声，跳蚤重重地撞在玻璃盖上。跳蚤十分困惑，它不断地跳跃，结果，它却一次又一次地撞在玻璃盖上。

渐渐地，跳蚤变得聪明起来了，它开始根据盖子的高度来调整自己跳的高度。一段时间后，实验者发现这只跳蚤在玻璃盖下面自由地跳动，却不会撞到玻璃盖。

一天后，实验者把玻璃盖子轻轻地拿掉了。跳蚤并不知道玻璃盖子不见了，还是在原来的这个高度继续地跳。3天以后，他发现这只跳蚤还在那里跳得欢快，却一次也不会高过杯口。

一周以后，这只可怜的跳蚤还在这个玻璃杯里不停地跳着，可是，它再也无法跳出这个玻璃杯了。

有人说，每个孩子都是天才。因为，所谓初生牛犊不怕虎，每个人刚开始对自己总是充满信心，他们喜欢展示自己的才能，做自己喜欢做的事情，并且总是做得津津有味，其乐无穷。但是，渐渐地，随着年龄的增长，昔日的孩童长成了少年。在这个成长过程中，不断碰到困难与挫折，以及其他人对孩子的负面评价渐渐地吞噬了孩子曾经好胜、好强的特质。他发现自己越来越归于平庸，越来越缺乏信心。当然，成功、成才与自己也似乎越来越遥远，甚至绝缘！

肯定是哪里出现问题了！

这个问题就是，一些打击与负面的评价就像那块玻璃盖子一样，盖在了他的头顶，他觉得自己再也无法跃过这个玻璃盖子。跳蚤的悲剧已经出现在孩子的身上了！

跳蚤并不是真的就跳不出杯子，只要拿一根小棒子突然重重地敲一下杯子，或者在杯子底部加热一会儿，跳蚤的潜能就会被重新激发出来，再一次跳出杯子。

你要突破自我设限也很容易。美国人类潜能开发专家葛兰·道门说过：“每一个正常的婴儿在其出生的时候，都具有莎士比亚、莫扎特、爱迪生

那样天才的潜能，关键是后天能否把这种潜能开发出来，聪明和愚笨都是环境的产物。”只要仔细审视自己，找出自己身上所具有的特质，努力学习、勤奋工作，最大限度地把自己的潜能发挥出来，你就会发现，自己就是天才。

英国埃克塞特大学心理学教授迈克·候威专门研究神童与天才。他在研究中得出这样的结论：“一般人以为天才是自然而生、流畅而不受阻的闪亮才华，其实，天才也必须耗费至少十年光阴来学习他们的特殊技能，绝无例外。要成为专家，需要拥有顽强的个性和坚持的能力……每一行的专业人士，都需要投注大量心血，才能培养自己的专业才能。”这位心理学家也做过这样的统计：以学钢琴为例，如果希望成为不错的业余钢琴家，至少需要专注地进行3000个小时的训练；如果想成为一个有专业水准的钢琴家，至少需要专注地练习10000个小时。像各种棋类、运动和外语，想要成为专业人士，都需要投入大量的时间。从这一点看来，很多人之所以平凡，没有天分，主要是因为没有“持续努力”。

正如美国发明大王爱迪生所说的那样：“天才是百分之九十九的汗水加百分之一的灵感。”

中国文学家郭沫若说：“形成天才的决定因素应该是勤奋。”

中国数学家华罗庚说：“天才在于积累，聪明在于勤奋。勤能补拙是良训，一分辛苦一分才。”

日本教育家木村久一说：“所谓天才人物指的就是有毅力的人、勤奋的人、入迷的人和忘我的人。”

苏联作家高尔基认为，天才是由于对事业的热爱而发展起来的。他说：“简直可以说，天才——就其本质而论——不过是对事业，对工作的热爱而已。”

迈克尔·乔丹是篮球史上的天才人物，是20世纪世界上最有价值的篮球运动员。他是美国篮球的化身，他出神入化的球技让人叹为观止，他被誉为“篮球飞人”。他率领芝加哥公牛队6次获得NBA总冠军，两次获得奥运会冠军，他本人5次夺得NBA总决赛最有价值球员奖。很多人都以与乔丹呼吸同一城市的空气为荣，他的23号球衣更是令青少年趋之若骛。

1963年，乔丹出生于纽约布鲁克林。随着小乔丹的一天天长大，在美国上下对篮球运动的狂热和对篮球明星无比崇拜的气氛里，小乔丹也拍起了篮球，练起了三步起跳投篮技术。

虽然如今的乔丹已经取得了让全世界球迷都为之惊叹的成绩和荣誉，然而在他还是一个中学生的时候，他的身高和各方面的素质决定了他并不适合这项高强度的体育运动。当时，就因为身体方面存在这些不足，乔丹要求加入校园篮球队的申请被无情地拒绝，该球队的教练甚至还直截了当地让乔丹放弃打篮球的梦想，因为教练断定以乔丹的条件即使是奋斗终生也不会取得任何的成就。

失败的经历和教练的那席话，让乔丹的心灵受到了强烈的刺激，可他并未因此而放弃自己的理想。相反，就在那个时刻，乔丹给自己树立了一个目标，那就是不仅要成为一名篮球运动员，而且还要成为最好的那个。

为了实现这个目标，乔丹付出了常人所无法想象的艰辛和汗水。每天早晨 6 点，其他人还徜徉于睡梦之中的时候，乔丹便开始了自己一天的超强度训练，直到夜深人静的时候，他才拖着极度疲惫的身体离开训练场地。就在这样日复一日年复一年的刻苦磨炼下，乔丹的技术得到了飞速的提高，而他的身体条件也渐渐地走向了成熟。

成名之后，当谈到自己何以在强手如林的 NBA 联赛中取得如此骄人的成绩和荣誉时，乔丹是这样说的："在 NBA 联赛中确实有不少具有天分的球员，我也可以算做其中的一个，可是我跟其他球员截然不同的是，你绝不可能在整个 NBA 中再找到一个像我这样为了目标而去拼命的人。我给自己的目标是'只要第一，不要第二'。"

综上所述，成功是否取决于天赋，古今中外有很多探索和论证，尽管各行各业的"天才"们都有天才般的艺术表述方式，但他们却道出了一个共同的结论，那就是，天才一定是持续而正确努力的结果。人类绝对不可能在一个早晨便诞生某个行业的天才。

因此，当我们在羡慕奥运冠军和其他成功人士的辉煌业绩的时候，别以为他们靠的是天赋，别忘了很多时候，他们在挥汗如雨时，我们却在浪费光阴。

不要再用"天赋论"来为自己的平庸作为借口了，只要我们愿意付出同样的努力，我们也能干出令人刮目相看的事业，我们也能创造自己的奇迹，做最好的自己。

好榜样威尔玛·鲁道夫为你领航

1. 相信自己的天赋条件并不差，只要全力以赴，坚持不懈地拼搏，也一定能创造自己的奇迹，也一定能干一番事业。

2. 任何时候都不以"天赋条件不好"来为自己的懒惰找借口，始终树立“天才在于积累，聪明在于勤奋”的观点，不断地激励自己奋斗。

3. 以乔丹、邓亚萍等奥运冠军为榜样，用超乎寻常的勤奋来弥补自己先天的不足，绝不贪图一蹴而就和一劳永逸。

4. 无论别人如何看待你，无论你现在是否平庸落后，都不要怀疑你的天赋有什么问题。怀疑自己潜能的人是不可能全力去拼搏的。应该用持续不断而又艰苦卓绝地拼搏证明自己的天赋并不比别人逊色。

5. 做好打持久战的准备。要有滴水穿石的坚定毅力和坚持精神，否则，你的巨大天赋和潜能是不可能显露出来的。

6. 每天都激励自己不断奋斗，做最好的自己，做自己的奥运冠军。

15. 坚持不懈，成功一定会在前方等你

任何一项事业的成功都不可能是一蹴而就的，必须经过长期的坚持不懈的奋斗。否则，是不可能成功的。

“坚持就是胜利”，这句格言无论是对运动员还是各行各业的奋斗者，都是最有效的激励。

坚持不懈，使我国速滑女运动员杨扬走上了成功之路。她幼年时很不得志，她的父亲早逝曾给她的心灵带来巨大的伤痛，她在长野冬奥会曾严重受挫，2002 年盐湖城冬奥会前夕，上天还故意向她开了一个残酷的玩笑，医生的误诊差点断送了她的运动生涯。

在杨扬的人生中，至少有 4 次以上走到了放弃或坚持的交叉路口，只要她在任何一次选择放弃，也就没有了后来的杨扬，也就没有后来她为中国队摘金夺银之日。

但是，在各种各样的打击和困难面前，杨扬每次都选择了坚持。在各种严峻的考验面前，究竟是什么让杨扬做出了这样的选择，或许连她自己都说不清楚。实际上，正是对于自己决定要做的事情的坚持，让杨扬在无数个交叉的路口都找对了自己人生奋斗的方向。

正如海格门斯顿所说的那样：“努力不懈的人，会在人们失败的地方获得成功。”

海格门斯顿是什么人？其实，少年时代的海格门斯顿并不被任何人看好。

他是一位匈牙利木材商的儿子，由于生得呆笨，人们都喊他“木头”。

12 岁时，他做了一个梦，梦到有个国王给他颁奖，因为他写的字被诺贝尔看上了。当时，他很想把这个梦告诉谁，但怕别人嘲笑，最后只告诉了妈妈。妈妈说："假如这真是你的梦，你就有出息了！我曾听说，当上帝把一个美好的梦想放在谁心中时，他是真心想帮助谁完成的。"

男孩信以为真，从此他真的喜欢上了写作。

"倘若我经得起考验，上帝会来帮助我的！"他怀着这份信念开始了他的写作生涯。

三年过去了，上帝没有来，又三年过去了，上帝还没有来。就在他期盼上帝前来帮助他的时候，希特勒的部队先来了。他作为犹太人，被送进了集中营。

在那里，600 万人失去了生命，他活了下来。因为他与别人不同的是他有自己的梦想。他的信念是：像他这样有梦想的人，上帝最终是会帮助他的。他告诫自己一定要坚持再坚持，一定要坚持到底。他不仅坚持到纳粹垮台的日子，而且继续坚守自己的梦想。1965 年，他终于写出他的第一部小说《无法选择的命运》；1975 年，他又写出他的第二部小说《退稿》；接着他又写出了一系列的作品。

就在他不再关心上帝是否会帮助他时，瑞典皇家文学院宣布：把 2002 年的诺贝尔文学奖授予匈牙利作家海格门斯顿。他听到后大吃一惊，因为这正是他的名字。

当人们让这位名不见经传的作家谈谈获奖的感受时，他说："没有什么感受！我只知，当你说'我就喜欢做这件事，多困难我都不在乎'，这时，上帝会抽出身来帮助你。"

海格门斯顿的坚持精神太伟大了。即使被关到希特勒的集中营，他还在为自己的梦想坚持着。有 600 多万难友在集中营里相继死去，而他却还在坚持、坚持。正是因为有这样伟大的坚持精神，才使得海格门斯顿在极其恐怖、极其艰难的环境里无数次地战胜死亡的威胁。正是因为有这样不同凡响的坚持精神，他才能从一个被人挖苦嘲笑的木头般脑袋的笨孩子成长为一位伟大的文豪。

面对我们所梦想的事业，如果我们也能像他一样坚持不懈的话，我们还有必要担心自己不能成功吗？我们也一定能创造属于自己的奇迹。正如英国著名科学家牛顿所说的那样："一个人如果做事没有恒心，他是任何事业也做不到成功的。"

因此，在奔向成功的漫漫崎岖路上，我们只能一次次选择坚持不懈，倘若有一次错误地选择了半途而废，成功将会离我们远去。

有些时候，也许只是少了那么一点点的坚持，成功就会与之擦肩而过。常言道：坚持就是胜利。人贵有坚持到底的毅力和勇气。请记住：坚持一下，再坚持一下，我们就能走出困境，取得成功。

老亨利是一家大公司的董事长，公司每年利润就有上百万美元。但他年过七旬仍不愿意在家里享清福，而是每天到公司来巡视。

一天，新产品开发部经理马克向老亨利汇报："董事长，这次试验又失败了，我看就别搞了，都第 23 次了。"马克皱着眉头，瘦削的脸上神情十分沮丧。

"年轻人，别着急，坐下。"老亨利指了指椅子，"有时候事情就是这样，你屡干屡败，眼看没有希望了，但再坚持一下，没准就能成功。"老亨利将一支雪茄塞进他的嘴里。

"董事长，我真没办法了，您是不是换个人。"马克的声音有些沙哑。

"马克，你听我说，我让你搞，就是相信你能搞成功。来，我给你讲个故事。"

"我也是个苦孩子，从小没受过教育，但我不甘心，一直在努力，终于在我 31 岁那年，发明了一种新型节能灯，那在当时可是个不小的轰动。但我是个穷光蛋，要进一步完善还需要一大笔资金。我好不容易说服了一个私人银行家，他答应给我投资，可我这个新型节能灯一投放市场，其他灯就会没销路了，所以有人千方百计阻挠我成功。就在我要与银行家签约的时候，我突然得了胆囊炎，住进了医院，大夫说必须做手术，不然有危险，那些灯厂的老板知道我得病的消息就在报纸上大造舆论，说我得的是绝症，骗取银行的钱来治病。这样一来，那位银行家也半信半疑，不准备投资了。当时我躺在病床上万分焦急，没有办法，只能铤而走险，先不做手术，仍如期与那位银行家见面。"

"见面前，我让大夫给我打了镇痛药。在我的办公室见面时，我忍住疼痛，装作没事似的和银行家拍肩握手，谈笑风生，但时间一长，药劲过去了，我的肚子跟刀割一样疼，后背的衬衣都被汗水浸透了。可我咬紧牙关，继续和银行家周旋，我心里只剩下一个念头：再坚持一下，成功与失败就在能不能挺住这一会儿了。疼痛终于在我强大的意志力下低头了。自始至终，在银行家面前，我一点破绽也没露，完全取得了他的信任，最后我们终于签了约。我送他到电梯门口，脸上还带着微笑，挥手向他告别。但电梯门刚一关上，我就扑通一下倒在地上，失去了知觉。隔壁的医生早就准备好了，他们冲过来，用担架将我抬走。后来听医生说，当时我的胆囊已经积脓，相当危险！知道内情的人无不佩服我这种精神。我就是靠着这种精神一步步走到现在的。”

老亨利一口气将故事讲完，他的头靠在皮椅子上，手指夹着仍在冒烟的半截雪茄，闭起了双眼，仿佛沉浸在对往日的回忆中。这时屋里静极了，只有墙上大挂钟的嘀嗒声。马克被老亨利的故事感动了。他望着董事长那发亮的前额，眼眶里闪动着晶莹的泪花，感到万分羞愧。和董事长相比，自己这点困难算什么？从董事长身上他看到一种精神，而这种精神就是创造财富的真谛！董事长不愧是这个庞大公司的主人，不愧是这间高大宽敞、摆放着高级硬木家具房屋的拥有者。

“董事长，我回去重新设计，不成功，誓不罢休！”马克挺着胸，攥着拳，脸涨得通红，说话的声音都些颤抖了。

事实是最好的证明，在试验进行到第 25 次的时候，马克终于取得了成功。

亨利和马克的奋斗故事告诉我们，成功往往需要我们在屡屡受挫的时候挺住，再挺住，决不能放弃。

古希腊哲学家柏拉图说：“成功的唯一秘诀，就是坚持到最后一分钟。”德国诗人席勒说：“只有恒心可以使你达到目的。”

当 19 世纪西班牙最伟大的小提琴家萨拉萨蒂被媒体称为天才时，萨拉萨蒂非常不满地回应道：“天才？ 37 年来我每天苦练 14 个小时，现在，有人叫我天才？”显然，萨拉萨蒂认为，自己的成功是日复一日，年复一年，数十年如一日坚持不懈地练习而成就的。

一个人在确定了奋斗目标以后，如果能够持之以恒，坚持不懈地为实现目标而奋斗，那么成功必将属于他。正如作家波里比阿斯说：“有些人在将达目的之际，放弃了他们的计划；而另一些人则相反，他们在最后一分一秒愈加勤奋努力，因而获得胜利。”可见，为了获得最终的胜利，坚持是必不可少的。

1. 确立几个坚持不懈的偶像，做他们的铁杆粉丝，如奥运冠军杨扬等，经常向她们学习，用她们的事迹激励自己坚持不懈。

2. 做一个有梦想和强烈渴望的人。对自己所做的事，和所要达到的目标一定要有一种强烈的渴望，否则，是很难在重重困难面前再坚持的。

3. 既要有长远计划，又要有中短期的计划，既要有大计划，也要有一个个小目标做支撑。如果漫长的旅途中有一个个小驿站会让人不再感觉到旅途的漫长和疲惫，并让我们有决心、有步骤而又连贯地将计划执行到底，那么，请现在就给自己制定计划吧！

4. 在通往成功的路上交几个志同道合的朋友，以获取他们的监督、鼓励和鞭策，父母、师长也能起到同样的作用。

5. 再坚持一下，再多做一点，这些细小的念头最终会支撑起坚持不懈、不遗余力和绝不放弃的强大信念。

16. 用毅力铸就成功的大厦

建筑工人若想建造高楼大厦，必须用钢筋、水泥、碎石铸就坚固的柱石。青少年若要成才，也必须铸就精神上的柱石——毅力。

在你成才的道路上，常会遇到许多艰辛和挫折，若没有毅力这一精神柱石作支撑，你就会被那些艰辛和挫折吓倒。毅力能使你获得勇气和力量去与成才路上的一切艰难险阻抗争，使你一次次夺取胜利。

霍尔金娜 1979 年 1 月 19 日出生于一个普通的俄罗斯家庭。小时候，霍尔金娜体弱多病，4 岁就开始了体操训练。她小时候很挑食，她的妈妈希望她学体操后，能大量消耗热能，吃早餐不再皱眉。

能在体操事业上有所作为，霍尔金娜认为这全归功于她的父母。然而，没有她自己顽强的毅力，霍尔金娜是不可能登上奥运体操冠军的领奖台的。

当时的体操教练们看她身材太高，认为她应该去练艺术体操。身高对体操选手影响很大，重心高意味着做同一个动作会比别人更吃力。霍尔金娜 1.64 米的高个儿本不利于体操运动，从少年体校到国家体校都没人愿意录用她。

霍尔金娜毅然拒绝了练习艺术体操的建议，因为她相信毅力才是成功的关键。她说服了别尔金做她的教练，从此开始了艰苦的训练。

刚开始练体操的时候，霍尔金娜的手被器械磨出了水泡、血泡，然后手开始结茧，连手心都结了一个硬币大的茧。坚强、有毅力的霍尔金娜为了不影响训练，就用双面刀片把茧慢慢削掉，多年来她都是如此。

起初几年，身材高大的霍尔金娜总是被认为违反体操常规，甚至被断言不适合练体操，不少教练都劝她改行。但霍尔金娜坚信自己凭着超人的毅力能成功。

1994 年世锦赛，15 岁的霍尔金娜终于用一块欧洲锦标赛的银牌，粉碎了关于她身材高不适合练体操的断言，并从此正式跃上了国际体操舞台。这使霍尔金娜相信，她并不是一只丑小鸭，凭着超人的毅力，她也能站到世界体坛的巅峰。

然而，高处不胜寒的危机也正在逼近崭露头角的霍尔金娜，坚强的毅力已经让她品尝到成功果实的甜蜜，而要长期拥有这种甜蜜，需要莫大的勇气和毅力。

在亚特兰大获得第一个奥运冠军后，霍尔金娜踌躇满志，不禁暗生衣锦还乡的念头。“那时我只有 17 岁，感觉自己赢得了一切。姐妹们都离队了，我也曾离开过体操一个月，但最终我又回到了练习场，我想成为一个榜样。”

最终她选择留下，这是一个伟大的选择。

霍尔金娜决定学体操的时候，身高这个不可更改的生理弱势，差点葬送了她杰出的体操生涯，但是，她毕竟凭借坚强的毅力克服了困难，骄傲地站在世界体操之巅。后来，在她功成名就的时候，另外的、不可抗拒的困难又向她袭来——这就是年龄。体操需要身体的柔韧与力量，这也决定了运动员的年龄不能太大，否则就失去了练体操最基础的条件。

但是，霍尔金娜依然相信毅力能改变一切。霍尔金娜付出了很多。她的腰受过伤，做了手术，腰伤的痛苦差点让她与体操诀别。但她凭着坚忍不拔的意志战胜了这些痛苦。

超人的毅力使霍尔金娜成为了世界体操史上的一个神话。她参加了自 1994 年以来的所有世锦赛，共夺得 10 金 9 银 3 铜共 22 枚奖牌，其中包括 1995—2003 年的高低杠五连冠和 3 次全能冠军。

她的 16 块欧锦赛奖牌使她成为欧锦赛历史上获得奖牌最多的运动员，其中包括 3 次全能冠军和连续 6 次高低杠冠军（1994—2004 年）。此外，她还获得过 1996 年亚特兰大奥运会的高低杠金牌、女子团体银牌，2000 年悉尼奥运会的高低杠金牌、自由体操银牌和女子团体银牌，2004 年雅典奥运会的女子全能银牌和女子团体铜牌。

2007 年，霍尔金娜曾应邀走进我国中央电视台《高端访问》节目。她对中国的电视观众说：“每一枚金牌背后都有一段故事，没有一枚金牌不是经过艰苦拼搏获得的。”

美国有位心理学家曾对千余名天才儿童进行追踪研究。30年后再总结时发现，智力与成才之间不完全相关，智力高的不一定成就高。他把一部分成就最大的与一部分没有成就的人作了比较，发现他们之间最明显的差异不在智力方面，而在个性和意志品质方面。成就大的人，都对自己所从事的工作充满信心，并表现出顽强的毅力。而无成就的人正是缺乏这些品质。

毅力，是有志者战胜艰难险阻而通向成功的内在力量。人们在成功之前都要经受“忍耐极点”的煎熬。这个时刻往往是事业成败的关键时刻，要熬过这个时刻，就必须有毅力。

世界飞碟冠军巫兰英1973年开始进入河南集训队参加飞碟射击训练，这年她18岁。飞碟射击是一项十分艰苦的运动项目。盛夏的骄阳，严冬的寒冷都没有使巫兰英退缩。可是冬去春来练了3年多了，技术上还不见明显进步，她开始对前途产生怀疑了。“我是笨蛋，没出息，干脆不练了！”她在教练面前哭鼻子了。

久经沙场，深谋远虑的教练却语重心长地说：“你一定会成功。3年的苦练已使你打下了扎实的基础。目前，你正处在忍耐的‘极点’上，也是处于成败的关键时刻，能否出现突破，关键要看你的毅力。”

当她处在十分紧要的“极点”时，当她处在这成功的关键时刻，教练的教诲和鼓励，使她毅力倍增。凭着毅力，她又熬过了3年难耐的日子。

汗水不会白流。1979年，在我国第四届全运会上，巫兰英夺得了男子飞碟射击比赛冠军（当时我国还没设这一项目的女子比赛）。1981年10月，在阿根廷举行的世界最高水平的锦标赛上，巫兰英获女子双项个人冠军。她成了第一个问鼎世界飞碟射击冠军的中国运动员。

狂犬病疫苗发现者、法国著名科学家巴斯德在探索狂犬病疫苗的道路上，正当他历经艰辛，无所进展，心力交瘁时，和自己并肩战斗的同伴丧气了。怎么办？巴斯德经受住了毅力的考验。巴斯德想：即使剩下我一人，也要把这项实验坚持下去，坚持下去一定会成功。后来，还是巴斯德超人的毅力给同伴们以勇气，使同伴们打消了撤退的念头。巴斯德和他的伙伴们终于成功了。**正像巴斯德自己曾说过的：“字典里最重要的三个词就是：意志、工作、等待。我将要在这三块基石上建立我成功的金字塔。”青少年在成才的漫漫长路上，多么需要这三块基石啊！**

笔者曾对不同地方的940名12~18岁的青少年进行了调查，竟有520名同学（占被调查的55%）承认自己在学习上缺乏战胜困难的毅力。其实，这也是许多青少年不能最终成才的主要原因之一。有不少青少年为了成才，付出了艰辛的劳动和代价。但是，当胜利的曙光仅隔几步之遥时，他们却受不住了，结果功亏一篑。这是多么可惜啊！中国有句名言："行百里者半九十"。其意思是告诫人们要以加倍的毅力去对付成功路上的最后几步。

世界伟大的文学家歌德说："只有两条路可以通往远大的目标，及完成伟大的事业：力量与坚韧。力量只属于少数得天独厚的人；但是苦修的坚韧，却艰涩而持续，能为最微小的我们所用，且很少不能达到目标，因为它那沉默的力量，随时间而日益增长为不可抗拒的力量。"

史泰龙在被拒绝 1855 次后成为世界巨星，他的成功充分验证了世界华人成功学大师陈安之的成功法则："没有失败，只有暂时停止成功。""成功者绝不放弃，放弃者绝不成功。"

史泰龙童年时被寄养在别人家里，寂寞的日子里他靠看漫画书来打发时间，为了模仿书中的英雄，淘气的他共断过 11 根骨头，最终他选择了学习表演。他在《推销员之死》中的表演大获好评，这使他意识到表演是他一生的追求。

在纽约的最初一段日子里，史泰龙十分落魄，身上只剩 100 美元，连房子都租不起，睡在金龟车里。但他立志当演员的决心却丝毫没有改变。

虽然他满怀信心地到纽约的电影公司去应征，但都因他平平的外貌和咬字不清而遭到拒绝。纽约共有 500 家电影公司，他不辞辛苦地一一前去拜访，但无一例外地都拒绝了他。无数次的受挫并没有熄灭他渴望成为演员的决心，他坚信："过去不等于未来，没有失败，只有暂时停止成功。"他又回过头来，再从第一家电影公司开始新一轮的尝试。在被拒绝第 1500 次的时候，他的机会来了。

一次很偶然的机缘使史泰龙看了一场拳王阿里和一个小拳手的比赛，小拳手与阿里苦斗了 15 个回合。这给史泰龙灵感，他用 3 天就完成了《拳手洛奇》的传奇故事。

他拿着他写的电影剧本去寻找电影导演，但由于他坚持由自己扮演洛奇，让许多制作人望而却步。在史泰龙遭到第 1855 次拒绝之后，皇天不负苦心人，史泰龙终于找到了一个肯拍那个剧本的电影公司老板。《洛奇》仅用 1 个月就完成了，这匹 1976 年的黑马一举赚得 2.25 亿美元，并赢得了当年的奥斯卡最佳影片和最佳导演奖。史泰龙本人也获得最佳男主角和剧本的提名。《洛奇》奠定了史泰龙在世界影坛的地位，此后他接连出演和导演了 50 余部影片，多部大片在世界创造了前所未有的票房纪录，史泰龙也成为世界影迷心中的英雄。

英国科学家牛顿说："许多聪明人之所以不会成功，乃是由于他们缺乏坚韧的毅力。"不管做什么事情，要想获得成功，都要能够坚持到底，而在坚持的过程中，更需要毅力。

两次诺贝尔奖获得者居里夫人曾说："我从来不曾有过幸运，将来也永远不指望幸运……我激励自己，我用尽了所有的力量应付一切……我的毅力终于占了上风。"

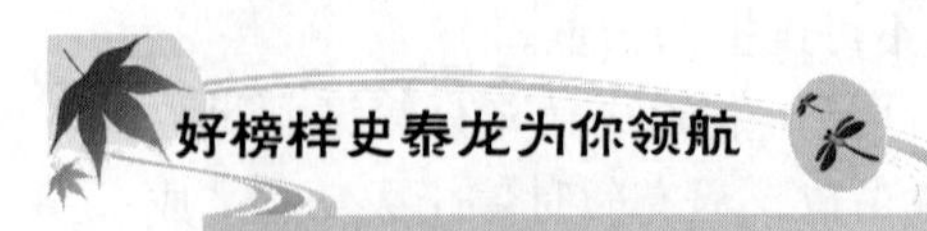

1. 毅力有赖于可信而又坚定的目标鼓舞。既定的短期目标与长远的目标，是你行动的向导，成功的投影，它常能激发你的毅力。

2. 不断强化自信心。当一个人对自己有能力实现自己的目标而满怀信心时，可以激发出顽强的毅力来执行自己的计划，达到自己的目标。

3. 增加同别人的友谊和团结。良好的人际关系和环境，真挚的友谊，朋友的鼓励和支持，会使你觉得力量倍增，信心十足，十分有利于培养顽强的毅力。

4. 坚定的决心。它有利于青少年更好地向目标迈进，也有利于培养顽强的毅力。

5. 良好习惯的影响。青少年如果能自觉养成做任何事都不怕困难和坚持到底的良好习惯，对逐步培养顽强的毅力大有裨益。

6. 锻炼出强健的体魄。多进行一些需要较大意志力的体育锻炼是培养毅力的有效手段之一。如远行，长跑，爬山等。生理上的强健能促进心理上的强健，心理上的强健与生理上的强健良性循环，十分有利于培养顽强的毅力。

7. 每天进行自我激励。每天坚持不懈地为梦想而自我激励，坚信自己一定能创造自己的奇迹，做自己的奥运冠军。

17. 成功女神只会拥抱勤奋的人

要想获得超人的成绩，就必须付出超人的艰辛，必须比一般人更勤奋，更刻苦。自古以来，没有人能随随便便成功。正如俄国著名化学家门捷列

夫所说的那样："没有加倍的勤奋，就既没有才能，也没有天才。"

看看全世界奥运冠军们，哪个是轻轻松松登上冠军领奖台的？哪一块奥运金牌不是用辛勤的汗水和血泪铸造成的？成功女神从来只会拥抱勤奋的人。

为了成功就必须吃苦，也只有肯吃苦才能成就辉煌。这个道理在雅典奥运会举重冠军唐功红的身上得到很好的证明。

唐功红出生在一个贫穷的家庭。四间低矮的瓦房，几件过时的家具。唐功红 1979 年出生，当时姥姥长年卧病在床，妈妈从生产队挣工分，一天才挣 0.49 元，爸爸在食品公司上班，一个月只挣 30 元。唐功红很小的时候就下地帮着大人干活儿。那时候，父母白天要上班，家里的自留地只能抽空侍弄。凌晨 3 点钟，妈妈就带着姐妹俩上山种地，干到早上匆忙回家吃口饭再上学。两个孩子非但没有怨言，反而练就了结实的体格和勤奋的品质，也更懂得体谅父母。唐功红从小喜爱体育，14 岁时，她拜师练习铅球、铁饼，没想到却被福山体校的举重教练看上了。爸爸听说得交 500 元钱，死活不同意，当时 500 元可是天文数字。后来福山体校的张建梅老师找到家里，母亲想让孩子出去见见世面，就东拼西凑借了 500 元钱。功红捧着沉甸甸的 500 元钱哭了，并向父母保证：我要好好练，练好了还钱给他们。

在福山体校，从小未离过家的唐功红开始想家，想到家她就哭个不停。

教练劝也劝不好，只好把妈妈找到学校，唐功红看到妈妈哭得更凶了，非要回家不可。教练同意给三天期限考虑。妈妈就这样把功红带回了家。

第一天，妈妈什么话都没有说，带着姐妹俩到地里干活儿。为了让功红尽快归队，妈妈故意让唐功红干最累的活儿，让姐妹俩给玉米地施肥，一个刨坑，一个往里施肥。

唐功红的小脸很快就被玉米叶划出了几道红痕，天很热，一会儿她就满头大汗了，再用沾着化肥的手一抹，直往心里痛。一天下来，功红累得连炕都爬不上去了。

第二天一大早，妈妈又让唐功红顶着烈日去挑粪。到了第三天，唐功红对妈妈说："俺还是去体校吧！"从那以后，再苦再累，唐功红再也不要回家了。

唐功红归队后，练得比任何人都勤奋刻苦，她知道父母凑钱不容易，不敢有丝毫放松。那时她一周可以回家两次，每次回家，都抢着干这干那。

但是妈妈发现了一个奇怪的事，功红晚上睡觉时总是不脱长裤。妈妈心里犯疑，就等她睡着后，掀开长裤一看，没想到功红的双腿上尽是一道道长长的血口子。

原来这是唐功红在训练时让杠铃给硬磨出来的伤口，她怕父母看见心疼，所以睡觉也不脱长裤。母亲看到这里忍不住落下泪来，但最终还是狠下心装作不知道。

为了支持妹妹举重，唐功红的姐姐包揽了家里所有的活儿。一次，姐姐看好了一双皮鞋，从小到大没穿过皮鞋的她舍不得买，妈妈咬咬牙给她买了一双，但她一直舍不得穿。

一次功红来电话说要到外省参加比赛，要拿点钱，家里打算出去借，姐姐便卖掉了心爱的皮鞋给妹妹交费。

唐功红知道后，心里一阵酸楚。之后，她更加勤奋地练习，把对家人的感恩都化为动力，一举在九运会上夺得金牌！而她拿到金牌后的第一件事儿就是给姐姐买了两双皮鞋。

唐功红能取得现在的成绩完全是勤学苦练的结果。1992 年唐功红初进福山体校练举重时，教练对这个大块头期望很大，但随后报考省体校却未通过。因为专家对她的评价是：关节硬，速度慢，发展潜力一般。

虽然并没有太多的天赋，但勤奋也一样不能忽视。唐功红坚信勤奋一定能弥补天赋上的不足。随着时间的推移，唐功红勤奋的特点逐渐显露出来。

果然，经过勤奋的努力，1994 年，唐功红被调进省队。4 年后又如愿进入国家队，并在当年亚锦赛上，获得挺举金牌。11 月的芬兰世锦赛上，又取得挺举与总成绩两块金牌。唐功红的付出终于有了回报，连连获胜使她引起了世界的瞩目，而她的梦想则是在奥运会上夺取冠军。2001 年的九运会唐功红一举夺得金牌；2002 年亚运会唐功红成功地刷新挺举世界纪录；2004 年亚锦赛唐功红再次打破挺举世界纪录；2004 年雅典奥运会上，唐功红终于登上了冠军领奖台。

吃苦，吃苦，还是吃苦！这就是唐功红的成功秘诀。一个在穷苦人家长大、没有什么傲人天分的女孩，最终凭着自己坚强不屈、勤于吃苦的精神走上了世界体坛的巅峰。

每个人都渴望成功，其实每个人都能成功。但为什么现实生活中成功者却总是少数？奥运冠军唐功红的奋斗经历再一次证明：通向成功的决定性因素应该是勤奋而不是所谓的天赋。有几分勤奋苦练，成功的机遇就会出现几分。勤奋，勤奋，再勤奋！刻苦，刻苦，再刻苦！这就是唐功红登上奥运冠军领奖台的成功秘诀。她在多年的苦练期间，从来没有休息过一个星期天和节假日，也从来舍不得花时间去考虑其他问题，只有苦练，只有不断地举起和放下，她每天要举起十几吨之多。

美国著名作家斯蒂芬·金曾经潦倒得交不起电话费而被电话公司掐断了电话线。后来，他成为国际著名的恐怖小说大师，经常是小说还只有一个未成型的构思，出版社就把高额的定金打入了他的账户。他 32 岁时成为全世界作家中首屈一指的亿万富翁。

虽然成为了世界级的大富翁，斯蒂芬·金依然是美国最勤奋的人，他每天都伏案写作，一年只休息 3 天。这 3 天是：生日、圣诞节和美国独立日。

斯蒂芬·金说，勤奋就是他成功的秘诀。年轻的时候，他和许多作家一样，灵感来了就写，没有灵感就去做别的事情，不会逼着自己写。可他的老师对他说："写不出来也要写，灵感只跟随勤奋的人，缪斯女神只青睐勤奋的人，因为没有灵感而不写作，只是懒惰的借口。"

斯蒂芬·金听从了老师的教诲，就算是在没有什么可写的情况下，他也要每天坚持写出 5000 字。斯蒂芬·金说："勤奋带给我的好处就是永不枯竭的灵感，我从不恐慌。"

大多数人都渴望超越别人，取得成功。但只有少数人能做到数年如一日地勤奋刻苦。惰性是很多人不能最终成功的关键原因。懒惰比身体上的疾病和缺陷更可怕。懒惰可以腐蚀人的意志，吞噬人的志气，使你离成功越来越远。你若想成功，就必须战胜懒惰，始终让勤奋与你为伴。

正如居里夫人所说的那样："懒惰和愚蠢在一起，勤奋和成功在一起，消沉和失败在一起，毅力和顺利在一起。"

无论哪一个领域的成功者，都离不开勤奋这个法宝。

有一次，一家中国的报社记者采访诺贝尔奖获得者丁肇中教授。

记者问："据说，美国大学要读 4 年，研究生要读 5 年或 6 年，才能取得博士学位，而您总共只用了 5 年时间，是吗？"

丁肇中答："的确是这样。在那样困难的逆境中读书，就得用功。"

记者又问："您取得成功的秘诀是什么？"

丁肇中说："成功的秘诀只有三个字：勤、智、趣。"

这里的勤指的就是勤奋。丁肇中认为获得成功的第一个秘诀就是勤奋。

中学时代的丁肇中就是一个以勤奋学习而出名的学生。读大学后，无论是在中国台湾成功大学，还是在美国密歇根大学，他都是以勤奋而闻名。

日本左川捷运公司的创始人左川清，白手起家，在短短的30年间，创造了年营业额超过3000亿日元的日本商业运输业中最大的公司。有人问他成功的秘密，他的回答很简单："因为我一直在拼命地干。"左川清以自己的勤奋，写下一条墓志铭："这里躺着一个一生额头上流着汗水拼命工作的人。"

还有拿破仑，史书上说他精力充沛，每天只睡五六个小时，从不知疲倦，有4个秘书跟他一起工作，都感觉吃不消。如此工作，还有什么样的伟业是不能成就的呢？所以拿破仑说在他的字典里没有不可能的字眼。

像这样的例子有很多、很多。这个世界上真正的成功者，往往都是特别勤奋刻苦的人。成功从来不会自动向我们走来，任何人要想成功，除了勤奋，别无选择。所谓"成功者有天赋条件"，只不过是懒惰的无志者为自己的平庸找借口而已。

美国科学家爱因斯坦说："在天才与勤奋之间，我毫不迟疑地选择勤奋，她几乎是世界上一切成就的催产婆。"

如果你渴望成功而又觉得自己的天赋不够，那就多付出一些辛勤的努力吧！

只要你能坚定不移，始终如一地选择与勤奋在一起，那么总有一天成功会伸开双臂把你拥抱。

好榜样唐功红为你领航

1. 任何时候都不要相信"天才"，要坚定地相信任何天才都是勤奋努力的结果，不要为自己的懒惰找任何借口。

2. 像奥运冠军唐功红那样，始终用勤奋来弥补先天不足，坚信只要勤奋不止，没有翻不过的高山。

3. 制定长远目标和中短期计划，督促自己和鼓励自己勤奋努力，不断向目标迈进。

4. 时时提醒自己珍惜时间。若能养成珍惜时间的良好习惯，自然就会战胜自己的惰性。

5. 每天都激励自己向奥运冠军们学习，做一个勤奋学习、勤奋工作的人。每天都对自己说：我要持之以恒地勤奋学习和工作，创造自己的奇迹，我能。

18. 赢在博大的胸怀

18. 赢在博大的胸怀

成功是重要的，人人都渴望成功。但对青少年而言，比取得成功更重要更令人敬仰的是博大的胸怀。

在奥运会的赛场，夺冠者能令人敬仰，但还有比夺冠更感人的场面。

在 1936 年柏林奥运会上，被誉为“黑色闪电”的美国田径黑人选手杰西·欧文斯认为自己完全可以稳夺跳远比赛的冠军。因为，在前一年他参加全美大学生运动会时，曾在 45 分钟内打破 4 项世界纪录，平 1 项世界纪录，轰动世界体坛。

杰西·欧文斯对这一届奥运会也一样是本着十拿九稳的态度争取夺冠。比赛开始了，他从容地走向跳远沙坑，这时，他看到一位身材高大、金发碧眼的德国选手正一次次地练习跳远，每次都能跳出 8 米左右的成绩。杰西·欧文斯内心有点紧张，他不安起来，他深知德国纳粹一直想要证明“非犹太民族白种人优越”，特别是比黑人优越，而自己的这一跃，举足轻重。

由于内心紧张，杰西·欧文斯在进行第一次试跳时，不小心冲过了起跳板几厘米才起跳，被判试跳失败。这个时候杰西·欧文斯心里愈发紧张起来，结果第二次试跳又犯规了。参加过比赛的运动员都知道，情绪的稳定与否对成绩具有至关重要的作用。何况，他若再犯规一次就注定被淘汰出局了。

这时候，方才还在练习的那个高大的德国人上前自我介绍说，他的名字叫卢茨·郎格，末了他轻轻地对杰西·欧文斯说：“你闭着眼睛都能进入决赛的！”一句看起来非常轻松的话，一下子拉近了两个人的距离，同时，也对杰西·欧文斯取得最终胜利起到了极大的作用。

接着，杰西·欧文斯与卢茨·郎格交谈了一会儿。然后，卢茨·郎格诚恳地向杰西·欧文斯建议：既然只需跳过 7.15 米，就能通过及格赛，那么，你何不在起跳板前几厘米处做个记号，然后从那里起跳，以策万全。杰西·欧文斯听从了卢茨·郎格的建议，于是，在随后的起跳中轻松地取得了参加决赛的资格。

决赛的时候，杰西·欧文斯终于一鸣惊人，一举刷新了奥运会跳远纪录，得到了他向往已久的奥运金牌。他激动得泪流满面，更让他吃惊的是最先向他祝贺的就是他最敬仰的卢茨·郎格先生。而且，卢茨·郎格还是当着 10 万名观众和希特勒的面这样做的——要知道，在那个时候，卢茨·郎格该冒着多么大的危险。为了笼络人心，希特勒打算在这届奥运会上同获得冠军的运动员一一握手，可是当他看到夺走4枚金牌的黑人运动员杰西·欧文斯时，却气急败坏地离开了看台。

遗憾的是，从这届奥运会之后，杰西·欧文斯再也没有见过卢茨·郎格先生。因为他在第二次世界大战中阵亡了。在后来的一篇悼念卢茨·郎格先生的文章中，杰西·欧文斯写道："把我所有的奖牌奖杯熔掉，也不够制造我对卢茨·郎格的纯金友情的镀层。"

作为一个准备夺取奥运金牌的运动员卢茨·郎格，他当时在比赛的关键时刻完全可以不去帮助自己最强劲的对手杰西·欧文斯。但他却凭着世人难以想象的博大胸怀去帮助对手。难道卢茨·郎格不渴望夺得金牌吗？但他觉得在奥运会赛场上还有比金牌更重要的东西。他虽然没能赢得那块奥运金牌，却赢得了全世界的敬仰。他博大的胸怀，永远激励着后人。

能容天下人、天下事，才能成就自己的大事业。如果一个人心胸狭窄，为小名小利斗来斗去，是肯定成不了大器的。2004年，中央电视台"新闻调查"栏目曾报道过这样一起令人痛心不已的案例：河北省某中学19岁的高三女生马娟，在向高考冲刺的关键时刻将浓硫酸泼向同寝室的某女同学的脸上。而让马娟使出如此残忍手段的原因竟然是那位被害女生平时考试分数总是比她超出几分。案发不久，马娟被人民法院依法判处死刑。

马娟也曾为理想而奋斗，但面对竞争对手，她的心胸是那样的狭隘，竞争手段竟然是那样的毒辣。

由马娟和卢茨·郎格二人截然相反的心胸使我想到了十多年前在某古庙里看到的一副对联："大肚能容，容天下难容之事；开口常笑，笑世间可笑之人。"

心胸豁达是一种良好的思维方式，一种通过强大自我战胜消极感受的修养方法，也是欲成功者必备的素质之一。战胜对手易，战胜自我难，难就难在如何摆平自己的感受，背负着太多的负担，容易为情绪化的感受而迷失理性。豁达正是战胜自我消极感受后达到的轻松、愉悦和积极的精神境界。

当今时代是一个崇尚和谐共处，崇尚双赢与合作的时代。青少年朋友要想在双赢的模式下取得成功，豁达的心境必不可少。轻视与嫉妒他人往往是一个人心胸狭窄、思想浅薄与狭隘的表现，这种人非但不能认识他人的长处，更不能发现自己的短处，与他人合作取得成功也就无从谈起。

韩信能忍街头混混的胯下之辱，功成名就后，非但没有报复，反倒给予那个小混混赏赐，还封了个小官。堂堂淮阴侯要杀一个人很简单，要利用一个人收买人心、树碑立传就很难了，难就难在是否有一个长远的眼光，是否能把持住内心蠢蠢欲动的愤恨。

相反，《三国演义》中的周公瑾，文武双全、风流倜傥，可就是心胸狭窄，老想不明白为什么会天外有天、人外有人。因而，一声长叹："既生瑜，何生亮？"吐血而亡。不但自己栽倒在狭隘的心胸上，就连吴蜀的合作和双赢也险些冰消瓦解。

值得注意的是，在当今中国社会，由于升学竞争压力大，很多青少年往往十分重视知识的积累和应试技巧的训练，而忽视培养博大的胸怀。这是十分有害的。要想取得超人的成绩，就必须培养博大的胸怀。

国家体育总局棋类处的张坦在谢军夺得国际象棋世界冠军时曾深有感慨地说过这样一段话："谢军之所以棋下出来了，与她宽阔的胸怀密不可分。心胸狭窄，将个人得失看得过重的人，是决不会成为谢军的！"

1990 年 7 月，谢军赴马来西亚参加比赛，由于经费不足，领导让她独闯南洋。这恐怕是中国选手出国比赛,既无教练又无翻译、单兵作战的首例。

她没有抱怨。她想，一个人、一项事业要想被重视，首先得干出引起人们重视的成绩，一味抱怨没有用处。更何况国家还比较贫穷，有那么多体育项目都需要钱呢！

谢齐争"霸"战，由国际棋联提供经费，双方还允许带一家属。齐氏带去的是母亲，而谢军却没有带家属。有人问她为何不去争，她答道："我是国家培养的。目前，我们国际象棋界人士出国机会不多，这种大赛，多去一个对我国国际象棋运动发展有用的人去见世面更重要。再说，我可以自己挣钱，今后专门送父母出国观光，那多好！"

青少年要以谢军、卢茨·郎格等人为榜样，用博大的胸怀去面对人生道路上的各种挑战。要在战胜困难、战胜诱惑、战胜对手的同时战胜自己。要做到遇事拿得起，放得下，想得开，不计较；遇人则能宽容，能兼容，能互利共赢，平等相待。只有这样，才能受到朋友和竞争对手的尊重，最终共同实现成功的目标。

1. 平时多提醒自己保持冷静的头脑和豁达的心态，遇事不冲动，不急躁，不走极端。

2. 严于律己，宽以待人。常怀感恩之心。没有感恩之心的人是很难培养博大胸怀的。

3. 尽量忘记那些不必记住的往事，比如朋友在合作中欺骗了你，如果总是抱怨、懊恼也于事无补，不妨静下心来仔细想想，是故意的，还是非故意的。如果确实是故意欺骗，即使你损失了一些财物和感情，但至少弄明白一点，这样的朋友应该早些离开。

4. 遇到令人恼火的事情，不妨多想点开心的事，这样往往能让自己的心胸迅速开朗起来。

5. 保持良好的人际关系。遇到实在不能化解的委屈时，可以向知心朋友倾诉，也可以进行一次超体能的体育锻炼，还可以找个没人的地方，大声地发泄一番。豁达的人不会让难过的事憋在心里，将它们发泄出来，将有利于我们拥有健康的情绪。

6. 多参加文娱体育活动对培养博大豁达的胸怀大有益处。尽量不要封闭自己，不要养成孤僻的性格。

19. 切莫忽视团结的力量

“团结就是力量！团结就是力量！这力量是铁，这力量是钢，比铁还硬，比钢还强……”在那极其艰苦的战争岁月，这首歌给中国人民增添了无穷的力量和勇气。没有团结这一法宝，中国人民是不可能推翻三座大山，建立新中国的。

团结是力量的象征，是成功的秘诀。一个国家是如此，一个团队同样是如此。

中国女排是中国体育的一面旗帜，也是中国女性的一面旗帜。20 世纪 80 年代，中国女排依靠团结拼搏的精神，一次次让《义勇军进行曲》在世界体育赛场上奏响，创造了五连冠的世界奇迹，极大地鼓舞了全国人民团结拼搏，建设中华的豪情壮志。时过 20 年，中国女排终于又以其特有的团队精神，在 2004 年雅典奥运会上，赢得了那枚渴望已久的金牌。

在雅典冠军争夺战中，中国女排之所以能够取得惊心动魄的胜利，恰恰证明了团结的力量。正如中国女排的一名队员所说：“我觉得女排精神还是一种团队精神。我们的实力不一定是拿冠军的实力，但是在最困难的时候，场上场下，从上到下大家都齐心协力，团队精神在我们这支队伍里起了很关键的作用。”中国女排赢了，中国女排胜利的意义并不仅仅局限于获得了阔别多年的世界冠军，也包括“女排精神”的回归。

2004 年 8 月 11 日，意大利排协技术专家卡尔罗・里西在观看中国女排训练后认为，中国队在奥运会上的成败很大程度上取决于队员赵蕊蕊。可是奥运会开始后，中国女排的第一场比赛中，这个肩负着无限期望的中国女排第一主力就因为腿伤复发而无法再上赛场。为此，中国女排教练班子及时调整应战策略，立即让年轻队员张萍顶替赵蕊蕊，变围绕赵蕊蕊的高点快攻为多点进攻，全队进一步明确依靠整体实力拼强敌的思路。

这时，许多观众都为中国女排捏了一把汗，但是，女排姑娘们按照部署，靠团队精神、集体力量，受挫时互不埋怨，顺利时互相鼓励，打出了风格，打出了气势。

她们坚信，一个团队作战，最重要的是团队协作。中国女排一向有着团结的坚实基础。平时训练中，教练陈忠和总是要求队员一进赛场就要心往一处想，劲往一处使，团结一致，全力以赴。在全体队员的不懈努力下，中国女排成为一个顽强拼搏、艰苦奋战、技艺高超、作风过硬的团结战斗的集体。

奥运会期间，尽管活动安排很紧张，生活也没有规律，但是，每场比赛前除了教练给她们开的准备会外，队员之间总要再开个小会，相互沟通一下。其目的就是统一思想，把大家的心气调动起来。这就使得每个队员心里都更有底，到了赛场才能达到心领神会的默契。正是做到了知己知彼，她们才能在激烈的比赛中临危不乱，从容应对，在巨大的压力下仍保持头脑清醒，沉着冷静，才能多次在绝境中反败为胜。

比如，在那场与俄罗斯队的决赛中，她们遇到了前所未有的困难，俄罗斯队发挥极其出色，虽然中国女排的状态也相当好，但是却连输两局。当 0 ：2 落后时，她们没有失去信心和勇气，在后面的比赛中，她们依然保持着高昂的斗志，可俄罗斯队却越打越手软。很多人赛后问中国女排的姑娘们，当时是怎么想的，怎么完成“大逆转”的？其实，她们从开始到结束，都坚定不移地相信自己能够拿下这场比赛，尤其在第 4 局 21 ：23 落后的关键时刻，哪怕只有一个人思想不集中，即使只失误 1 个球，就会前功尽弃。大家硬是咬牙顶过来了，将比赛顽强地拖入了第 5 局，此时的俄罗斯队在精神上已经被彻底击垮了，她们再也无力阻挡中国女排夺冠的脚步。当比赛进行到第 5 局后半程的时候，身高 1.82 米的张越红一记重扣穿越了 2.02 米的加莫娃头顶，砸在地板上，宣告这场历时 2 小时零 19 分钟、出现过 50 次平局的巅峰对决的结束，最后使得中国队以 3 ：2 战胜了俄罗斯队。中国女排上演了惊天大逆转，摘得奥运金牌。

多少年来，全国人民都在期待这一刻，期待“女排精神”的弘扬和荣誉的回归。这种精神，就是“团结协作、顽强拼搏”的“女排精神”。

中国女排是凭借什么战胜俄罗斯队的呢？赛后，教练陈忠和说：“我们没有绝对的实力去战胜对手，只能靠团队精神，靠拼搏精神去赢得胜利。用两个字来概括队员们能够反败为胜的原因，那就是‘忘我’。”

团结拼搏，奋力夺冠是女排的传统。20 世纪 80 年代初期，女排姑娘们凭着团结拼搏的精神，一路披荆斩棘，过关斩将，夺取了世界女排五连冠的辉煌战绩，震惊了世界，也极大地鼓舞了中华儿女团结起来建设祖国的坚强决心。在女排团结拼搏、为国争光的精神鼓舞下，全体中华儿女发出了“团结起来，振兴中华”的吼声。这是时代的最强音，也是中华儿女发自内心的呐喊。在这种精神的强大推动下，在不到 30 年的时间里创造了世界经济的奇迹，我国的综合国力也得到了空前的增强。

无论是一个团队还是一个国家，要想很好地发展，都应该既立足于自力更生，又重视团结合作。歌德说：“团结合作永远是一切善良思想的人的最高需要。”韦伯斯特说：“人们在一起可以作出单独一个人所不能做出的事业；智慧 + 双手 + 力量结合在一起，几乎是万能的。”

在一家科学研究所里，有两位非常厉害的科学家。每年他们完成的学术项目都远远地超过了其他人。有一次研究所承担了一个大型的国家项目。为了提前完成任务，研究所把两位专家招来，请他们一起合作完成这项任务。

两位专家同意了。但是在合作方式上产生了分歧。一位年老的专家希望把项目分成两个小项目，一人完成一个，最后合成，这样各司其职，效率更高。年轻的专家则希望不分小项目，而是两个人在一个实验室里进行项目研究，理由是这样便于沟通。双方争执不下，后来还是年轻的学者让了步。

由于任务繁重，双方排除了一切杂务，对这项工作全力以赴。结果年轻专家提前了两个月完成。原来，年轻专家十分善于与人合作，凡是研究过程中发现了什么解决不了的问题，就向研究所或这个领域其他的专家求助。由于年轻专家本人乐于助人，也帮了别人不少忙，因此别人也都乐意帮助他。任务自然是进展神速。

而年老专家呢？工作态度非常认真，但也有点倔，做什么事情都是一个人苦干。在遇到难题时，他宁肯加班加点，自己多花时间，也从来不让别人帮忙。

后来，年轻专家完成了自己的那一份，见老专家还没完成，就主动伸出援助之手。可是老专家却一口回绝了。年轻专家本来一向都很尊敬老专家，但这次急了。他说："这项目是所里的，不是你一个人的。我现在之所以要帮忙，也不只是为了帮你，而是为了让所里能早日完成这项任务。所以，也请你看在集体的利益上，允许我参加这个项目。"

老专家听了，觉得很惭愧。后来他们两个联手，终于在规定的时间内完成了这项工程。

老专家在庆功会上对年轻专家说："我活了这么大年纪，一直以自力更生为准则，还是到今天才发现团结合作的妙处啊！"

现在这个时代，是一个十分强调和谐，强调双赢的时代。只要相互协作，相互帮助，相互支持，才能产生强大的合力，收到更好的效果。清华大学1996级的王怡凯在回答记者关于求学的经验时说："我认为最关键的经验是用同学之间的团结合作。我与我的同桌同学在一起经常互相讲题，互相鼓劲。这使我们俩人都受益匪浅，现在我们都考入了清华大学。"

曾经获高考青海省理科第一名的清华大学学生陈佳良说："同学之间一定要团结合作，共同进步，而不能互相封锁，要多问题、多讲题、多讨论、多争辩，这些活动是上佳的学习方法和途径，它的效率要远远优于一个人苦思冥想。"

在当今社会，一个没有团结合作精神的人是很难取得突出成绩的，也是不受欢迎的。如今很多企业和单位在招聘新员工时，也不只看重应聘者的学历和个人才能，同时还要严格测试其团队合作精神。

的确，随着专业分工的越来越细、市场竞争越来越激烈，单打独斗的时代已经过去，协作变得越来越重要。例如，在诺贝尔获奖项目中，因协作获奖的占 2/3 以上。在诺贝尔奖设立的前 25 年，因协作获奖的占 41%，而现在则跃居 80%。

生活在这个地球上，没有一个人可以完全不依靠别人而独立生活。这本是一个相互扶持的社会。而要想有所作为，有所建树，更需要具备团结合作的精神。

就像一位诗人曾经说过："谁也不能像一座孤岛，在大海里独居。每个人都似一块小小的泥土，连成整个陆地。任何人的死亡都使我感到有所缺失，因为我包含在人类这个概念里。"所以，请不要为了一点小小的利益而争斗，因为你损失的可能是更大的利益。也不要低估一个人所奉献的一份力量，因为团结的力量不可估量！

1. 善于向他人和团队学习。三人行，必有我师。平时要善于向他人和团队学习，不要自以为是。

2. 乐于参加集体活动。不要养成孤僻的性格，不要封闭自己，要通过参加集体活动感受到团结的意义和力量。要学会在团队中成长。

3. 乐于与人团结合作，对人宽容大度，不要计较个人得失，要着眼长远、顾全大局。

4. 要严于律己，宽以待人。否则，是无法与别人搞好团结的。

5. 注意与合作者沟通，培养与人沟通的能力。在合作的过程中分歧是难免的，但如果不及时沟通，就会产生隔阂和误解，影响团结合作的局面。

四、有梦想才会执著地奋斗

20. 挺直你信念的脊梁

20. 挺直你信念的脊梁

信念是人的脊梁，要想成就人生梦想，要想取得超人的业绩，没有坚定的信念是不可思议的，也是不可能达到目的的。只有给自己一面信念的旗帜，只有挺直信念的脊梁，你在漫漫人生长路上才会有奋斗的动力和生命的活力！

奥运冠军刘翔在2004年雅典奥运会上创造的神话正是对信念的力量最精彩的注解。

110米跨栏，长期以来是被欧美运动员垄断的项目，亚洲人从来没有在这个项目上获得过奖牌，近20年来，亚洲人更是没有进入过决赛。可是，这种垄断却被刘翔这个21岁的中国青年打破了！那一晚，度过了一个不眠之夜的，除了刘翔之外，还有来自四面八方的许许多多的中国人。在雅典奥林匹克赛场上，当刘翔高举五星红旗飞奔的时候，我们都真真切切地感受到作为中国人的荣耀，一种对祖国挚爱的感情油然而生。难怪刘翔在接受记者采访的时候，眼含着热泪激动地说："我是冠军，我证明了中国人也能获得这个项目的冠军，证明了黄种人在这个项目上同样可以有所作为。"刘翔身披国旗纵身一跃跳上了领奖台，那时他想要展示的不仅是自己的蓬勃朝气，更要向全世界展示中华儿女敢于创造世界奇迹的坚定信念。

美国学者伯里斯道在《信念的魔力》中讲到："任

何伟大事业的成功都离不开信念，信念是一种坚定不移的、深入人的每根神经的坚信，不管你称这为激情、一种精神力量，还是一种电的振荡。它都是一种可以带来显著成就的力量。它经常给你个人的生命圈带来吃惊的成果——这种成果甚至是你不敢想象的。”

如果刘翔没有敢于创造世界田径奇迹的坚定信念，如果刘翔认为中国人、亚洲人在田径比赛上永远只能给欧美人当配角的话，那么他是不可能跳上奥运冠军领奖台的。

在获得奥运冠军之后的一个新闻发布会上，刘翔说：“真不能相信这一切，这是历史性的一幕，在雅典，在奥运会上，我是唯一一位能够在赛道上击败美洲和欧洲选手的黄皮肤运动员。”并且，刘翔坚定地认为，“我从来都不认为自己今天的成功仅仅是个人的荣耀”。一个外国记者问刘翔，中国人怎么也能跑这么快？刘翔回答他说：“中国有国家的培养，有各级领导的支持，有很好的教练，完全能够把一名普通的运动员培养成优秀的运动员。”什么叫信念？这就是信念。这就是当代中国青年必须具备的品质。最后，刘翔还不太客气地对那位外国记者说：“我想纠正你们一个观点，你们不要以为中国人在短距离项目上不如欧美人，我告诉你，亚洲有我，中国有我。”

后来，刘翔还说：“北京时间 2004 年 8 月 28 日凌晨那 12 秒 91，毫无疑问将成为我生命中为之自豪的瞬间，但我更愿意把那一刻的辉煌献给我亲爱的祖国，献给全亚洲。”

朋友，当你在奋斗的过程中遇到重重困难觉得无法跨越的时候，当你觉得人生理想十分渺茫的时候，当你面对歧视和偏见的时候，请你别忘了像刘翔那样，挺直信念的脊梁，请你别忘了刘翔说的话，别忘了刘翔在雅典奥运会上的那神圣的跨越。要坚信，只要信念还在，人生就能跨越无数的巅峰，战胜一切挫折。正如著名黑人领袖马丁・路德・金说的那样：“在这个世界上，没有人能够使你倒下，如果你自己的信念还站立的话。”尽管在成功的道路上会遇到挫折和失败，只要我们坚定信念，就会充满激情，敢于进取，迈着坚定的步伐往前走。法国作家勒农说过“你不要焦急！我们所走的路是一条盘旋曲折的山路，要拐许多弯，兜许多圈子，时常我们觉得好像背向着目标，其实，我们总是离目标越来越近。”

罗尔斯是美国纽约州历史上第一位黑人州长，他出生在纽约声名狼藉的大沙头贫民窟。这里环境肮脏，充满暴力，是偷渡者和流浪汉的聚集地，在这里出生的孩子，耳濡目染，从小逃学、打架、偷窃甚至吸毒，长大后很少有人从事体面的职业。然而罗尔斯是个例外，他不仅考入了大学，而且成为了州长。

在就职的记者招待会上，一位记者对他提问：是什么把你推上州长宝座的？面对 300 多名记者，罗尔斯对自己的奋斗史只字未提，只谈到了他上小学时的校长——皮尔·保罗。

1961 年，皮尔·保罗被聘为诺必塔小学的董事兼校长，当时正值美国嬉皮士时代，他走进这所小学的时候，发现这里的孩子无所事事，他们不与老师合作，旷课、斗殴甚至砸乱教室的黑板。皮尔·保罗想了很多办法来引导他们，可是没有一个是奏效的。后来，他发现这些孩子很迷信，于是，在他上课的时候就多了一项给孩子看手相的内容。他用这个办法来鼓励学生。

当罗尔斯从高台跳下，伸着小手走向讲台，皮尔·保罗说："我一看你修长的小拇指就知道，将来你是纽约州的州长。"当时，罗尔斯大吃一惊，因为长这么大只有他奶奶让他振奋过一次，说他上小学时可以成为班长。这一次，皮尔·保罗竟然说他可以成为纽约州的州长。他记下了这句话，并且相信了他。从此，他有了人生的信念。

从那天开始，"纽约州州长"就像一面旗帜，时时激励他发奋向上。罗尔斯的衣服不再沾满泥土，说话时也不再掺杂污言秽语，他开始挺起腰杆走路。在以后的 40 多年间，没有一天不按州长的身份来要求自己。51 岁那年，他终于成为了纽约州的州长。

在他的就职演说中有这么一段话："信念值多少钱？信念是不值钱的，它有时甚至是一个善意的欺骗，然而你一旦坚持下去，它就会迅速升值。"

是啊，在这个世界上，信念这种东西任何人都可以免费获得，所有成功者最初都是由一个小小的信念开始的。

让我们再来看看我们的周围为什么会有那么多人碌碌无为？为什么会有那么多人走上自杀轻生之路？是因为他们的先天条件不好吗？不是。是上天对他们不公吗？不是。他们中的很多人都是因为缺乏信念的支撑。

在人生的长路上，在激烈的社会竞争中，我们有时会遭遇挫折和失败，有时甚至会遭受歧视和偏见，在这个时候，最能帮助我们，最能支撑我们走出困境的是自己不服输的坚定信念。

1919 年，亚伯拉罕刚刚进入剑桥大学就学，因为他是犹太人的后裔，所以校方对他有一些歧视，敏感的亚伯拉罕立刻感到受了冷落，内心高傲的他决定做出一些令人刮目相看的事情来，于是，他开始向剑桥大学短跑纪录发起挑战。要知道，这可是多少年来没人能够做到的事情。经过认真刻苦的训练，亚伯拉罕最终挑战成功。胜利和荣誉袭来，致使他对跑步难以割舍，欲罢不能，因为跑步对他而言，是一种能够让他的犹太人身份获得承认和尊重的最有效途径。乃至于最后，跑步竟然成了亚伯拉罕人生中最重要的组成部分。他将自己的理想寄托在跑步上，通过竞赛来超越自我。终于，在 1924 年巴黎奥运会上，亚伯拉罕取得了胜利，受到人们的崇敬。

成功者因拥有坚定的信念而走向成功。失败者则因丧失信念而失败。

一位心理学家事先告诉一位被判死刑的囚犯，在执行死刑时不使用枪决，而是实行割破静脉，让血液自己慢慢流干的方式。

行刑那天，囚犯被绑上了双手，蒙上了眼睛，然后，他被带到一个特定的房间里。这个囚犯的手腕上被实验者用尖锐的刀片割了好几下，实际上，刀片并没有割破囚犯的静脉。这时，实验者轻轻地拧开一旁的水龙头，让水像血液流淌一样慢慢地滴着。

水流的声音让囚犯误以为是自己的血液在流淌，他认为自己必死无疑。于是，这个囚犯开始无精打采地等待死亡的到来。

一天后，尽管那个囚犯根本没有流血，但是，他竟然死了。必死的信念竟然真的让他走向了死亡。

由此可见，信念对人的支撑作用是多么重要。美国有位学者对全国的癌症死亡人员的调查发现，只有 20%的患者的确是因病死亡。多数患者都是被癌症吓死的，因为他们生的信念已经跨了。

美国成功学家卡耐基在自己的办公桌上挂了一块牌子，上面写着：

你有信仰就年轻，疑惑就年老；

有自信就年轻，畏惧就年老；

有希望就年轻，绝望就年老；

岁月使你皮肤起皱，但是，失去了热忱就损伤了灵魂。

在当今这个浮躁的社会里，坚定的信念对我们每个人来说都尤其珍贵。有了它，我们的前途不再渺茫；有了它，我们的精神不再空虚；有了它，我们不再害怕任何歧视和偏见，我们对未来充满信心。

好榜样刘翔为你领航

1. 无论何时何地，始终做一个有坚定信念的人。无论遇到多大困难和挫折，都不要动摇自己的信念。

2. 向奥运冠军刘翔那样，不仅不理会别人对你的歧视和偏见，而且要用崇高的理想鼓舞自己，用坚定的信念支撑自己，用一流的业绩证明自己。

3. 要始终保持高度的自信，一个不自信的人是很难有坚定信念的。

4. 培养责任感。一个对自己，对家庭，对社会没有高度责任感的人是不会有坚定信念的。

5. 从容地面对困难和挫折的考验。坚信自己靠信念的支撑能战胜困难和挫折。

6. 制定奋斗目标，始终用目标鼓舞自己。

21. 梦想渺小，人也将永远渺小

人和动物最大的不同点就在于人有梦想。但却并不是每个人都有自己的梦想。没有梦想的人是不可能有奋斗激情的。

成功从梦想开始，每一个愿意为梦想而战的人都能成为自己的真心英雄。现实生活中很多人平庸落后并不是命中注定，也不是因为他们先天条件不好，而是因为他们从来没有自己的人生梦想。而一个没有远大人生梦想的人是不可能有持久的奋斗激情的，因此，也是不可能创造美好人生的。

梦想使人伟大，拼搏成就梦想。每一个奥运冠军都是从梦想起步的，他们并非天生就是奥运冠军的料，更不是出身于奥运冠军世家。正如世界篮球超级巨星、奥运冠军迈克尔·乔丹所说的那样："我们来自于底层，我们白手起家，我们从来没有放弃过梦想。总有一天，我们会梦想成真。"

是啊，只要有永不放弃的精神，只要有为梦想而不懈奋斗的行动和意志力，每一个人都能成就自己的人生梦想。面对自己的人生梦想，我们必须有奥运冠军那种为梦想不懈追求的精神。

郎平曾是我国女排的主攻手和教练，她和队友一起拼搏数载，夺取了1984 年第 23 届奥运会女排冠军，实现了自己的梦想。

郎平的少年时代，正是我国经济困难的时期，粮食定量供应，营养品就更缺乏了。偏偏郎平生来就是一个大个子，父母、姐姐的口粮尽可能地省给她吃。小郎平越长越高了，上小学时就比男孩高出一头。

父亲郎家骅是个体育迷，看见女儿天生这样一副好身材，便鼓励她做一名运动员。郎平升入北京朝阳中学后，课余参加了校排球队，这简直成了郎家骅生活中的一件大事。他每天都要教女儿怎样打球，一有机会还要陪女儿去看国际排球比赛。

1978 年，郎平带着夺冠的梦想入选国家女排。同年 12 月在曼谷举行的第 8 届亚运会上，胆识过人的袁伟民，竟让一个入队才一个多月的郎平顶替了已经蜚声亚洲、技术正处在上升期的杨希，以主攻手身份迎战“东洋魔女”日本女排和“世界劲旅”韩国女排。比赛场上，郎平使出了吃奶的劲儿，但最终还是败在了日本队手下。事后，郎平一连几天睡不好觉。她在心里暗暗发誓：“一定要亲手打败日本队！”

时隔一年，1979 年 12 月 12 日，在香港举行的第二届亚洲排球锦标赛上，郎平和她的队友们一起，首次击败了 20 年来从未击败过的日本女排。消息传到北京，当晚天安门广场前燃起了喜庆的爆竹。“郎平打乱了日本女排的阵脚”的通栏新闻也随即出现在日本报刊上。年龄刚 19 岁，仅有四年球龄的郎平，以中国女排绝对主力强攻手的身份，亲手打败了排坛霸主“东洋魔女”，实现了她一年前的誓言。

1981 年，对中国女排乃至中国体育都是一个难忘的日子。当年 11 月，在日本东京举办的第三届女排世界杯的赛场上，中国女排以 7 战 7 胜的恢宏之势，第一次登上了世界冠军的领奖台，从而揭开了中国女排辉煌历史的新篇章。

郎平说：“拿世界冠军，这是梦啊！出发的时候就把所有东西都带上，什么护肘、护踝、护腰，能护的全带上，那会儿人挺有意思的，说中国人死都不怕，还能有什么可怕呀？就是我把我这条命豁出去，这世界冠军也要拿。这是我和多少中国人的梦想啊！”

在这种拼搏精神的激励下，作为主攻手的郎平与队友一起获得了 1984 年第 23 届奥运会女排冠军，实现了自己的梦想。

凭着顽强的拼搏精神，郎平和她的队友们不仅成就了自己的奥运冠军梦想，也极大地鼓舞了无数中国人的斗志，激励了无数中国人为梦想而战。

梦想是深藏在人们内心深处的最深切的愿望，它不仅为我们指明前进的方向，也会让我们拥有战胜挫折和困难的勇气。正如 18 世纪法国启蒙运动的倡导人伏尔泰所说的那样：“上天赐给人两样东西——希望和梦，来减轻人的苦难遭遇。”

雷蒙德少年时非常的贫穷，他总是想方设法去从事营销工作。他吃了不少苦，遇到过不少挫折，但他总是用梦想激励自己。他经常对自己说：“梦想渺小，人也将永远渺小，我可不打算这样度过我的一生。”他激励自

己坚持不懈的奋斗，终于成就了梦想，创造了麦当劳这一世界上最大的快餐连锁店。

在漫漫的人生道路上，无论遭受多少挫折，无论经历多少苦难，只要我们不放弃心中的梦想，就能以无穷的力量去挣脱挫折和苦难的羁绊，就能给自己的人生插上飞翔的翅膀。

倘若你由于懦弱或者别的原因丢掉了梦想，那么，你的人生就会变成一段满负辎重的苦痛，等待你的也只是在绝望边缘的无力挣扎和随之而来的堕落沉沦。

在法国，有一位年轻人曾经很穷、很苦。后来，他以推销装饰肖像画起家，在不到 10 年的时间里，迅速跃身于法国 50 大富翁之列，成为一位年轻的媒体大亨。不幸，他因患上前列腺癌，1998 年在医院去世。他去世后，法国的一份报纸刊登了他的一份遗嘱。在这份遗嘱里，他说："我曾经是一位穷人，在以一个富人的身份跨入天堂的门槛之前，我把自己成为富人的秘诀留下，谁若能通过回答'穷人最缺少的是什么'而猜中我成为富人的秘诀，他将能得到我的祝贺，我留在银行私人保险箱内的 100 万法郎，将作为睿智地揭开贫穷之谜的人的奖金，也是我在天堂给予他的欢呼与掌声。"

遗嘱刊出之后，有 48561 个人寄来了自己的答案。这些答案，五花八门，应有尽有。绝大部分人认为，穷人最缺少的当然是金钱了，有了钱，就不会再是穷人了。另有一部分人认为，穷人最缺少的是机会，穷人之所以穷是穷在背时上面。又有一部分认为，穷人最缺少的是技能，一无所长所以才穷，有一技之长才能迅速致富。还有的人说，穷人最缺少的是帮助和关爱，是漂亮，是名牌衣服，是总统的职位等等。

在这位富翁逝世周年纪念日，他的律师和代理人在公证部门的监督下，打开了银行内的私人保险箱，公开了他的致富秘诀，他认为：穷人最缺少的是成为富人的野心。在所有答案中，一位年仅 9 岁的女孩猜对了。为什么只有这位 9 岁的女孩想到穷人最缺少的是野心？她在接受 100 万法郎的颁奖之日说："每次，我姐姐把她的男朋友带回家时，总是警告我说不要有野心！不要有野心！于是我想，也许野心可以让人得到自己想得到的东西。"

谜底揭开之后，震动法国，并波及英美。一些新贵、富翁在就此话题谈论时，均毫不掩饰地承认：野心是永恒的"治穷"特效药，是所有奇迹的萌发点，穷人之所以穷，大多是因为他们有一种无可救药的弱点，那就是缺乏致富的野心。

这里的“野心”说得好听一点其实就是“梦想”。

1. 要不断地激励自己为实现梦想而不懈奋斗。没有不断地自我激励，不可能实现人生的梦想。

2. 必须有自己十分崇拜的好榜样，要用好榜样来激励自己实现梦想。列宁说：“榜样的力量是无穷的。”培根说：“用伟大人物的事迹激励青少年，远远胜过一切教育。”

3. 要坚信自己的梦想一定能实现，切不可有丝毫的动摇和疑虑。疑虑和动摇容易使你放弃梦想。梦想往往令人觉得遥不可及，而通向梦想王国的道路又常常荆棘密布，因此必须有坚定的信念。

4. 要敢于为实现梦想而顽强拼搏。现代奥林匹克运动会的创始人顾拜旦说：“在生活中最重要的事情不是胜利，而是斗争；不是征服，而是奋斗和拼搏。”

5. 要全力以赴，坚持不懈地行动。很多人都有梦想，这个社会从来不缺乏有梦想的人，最缺乏的是像郎平等女排姑娘们那样能执著地、全力以赴地将梦想变为现实的人。

6. 要为实现梦想而“只争朝夕”地拼搏。人的一生，很多事都可以等待，但梦想却不能等待。比如你有战胜贫困的梦想，却不“只争朝夕”地拼搏，久而久之，你将习惯于贫穷而庸庸碌碌的日子。到那时，你就会无法突破自我，梦想就会离你越来越远。

22. 用坚定的目标鼓舞自己

一块块极普通的石头遇到人类坚定的目标，能垒成气势雄伟的万里长城；一根根极平常的竹筒遇到人类坚定的目标，能吹出优美的乐曲；甚至被人们遗弃的废铁，遇到人类坚定的目标，还能被冶炼成钢，进而制成飞机冲向蓝天，造成海船，驶入大海。

石头、竹筒、废铁能让人类把它们的价值增加十倍，甚至更多，青少年朋友，你为什么不能？

你完全可以制定好坚定的成才目标，使自己人生的价值增加十倍，甚至更多。记住："你的世界是要改变的，你有能力选择你的目标。"因此，青少年要想成才，首先必须有明确的目标，否则，是无法成才的。

2004 年 4 月，为了备战雅典奥运会，王旭随国家队到安徽大别山进行训练。一天，训练中心组织她们到大别山革命老区进行慰问。一走进农民家里，她们都惊呆了：高低不平的泥地，没有家具，屋里一片漆黑，家里的孩子穿着带补丁的破旧衣服。看到这一切，王旭的心里很不是滋味。晚上回到基地，王旭失眠了，她从没想到还有人长期过着如此艰苦的生活。队里的训练虽然艰苦，但和老区人们的生活相比，仍然有着天壤之别，自己有什么理由不好好训练呢？这件事对王旭的触动很大，她给自己定下一个坚定不移的目标：一定要在奥运会上为祖国争取一枚摔跤金牌。每当她有懈怠情绪时，她都用这件事来激励自己，发誓要超越自己，不断向自己定下的目标冲击。

王旭在大别山的训练是十分艰苦的。教练实行全方位的管理，不仅训练时严格要求，就连吃饭也必须完成任务。近 3 个月的时间，她们每天 4 次训练，早晨 5 点起床，晚上 10 点半睡觉，训练时间在 10 小时以上，运动量和强度也比以往大几倍。训练太累吃不下，有时吃下又吐出来，可是教练要求必须保证营养的摄入，在食堂盯着她们吃饭。有时候，和许多队员一样，王旭也会感到委屈和疲倦，一边训练一边流下眼泪。但是一想到自己在奥运会上夺冠的目标，她就不敢再懈怠半分。

6 月份，她们的队伍又转战到气温高达 42℃度的"火炉"武汉，进行更严酷的训练。在艰苦的条件下，她们流的汗比以前更多，出的力比以前更大，身体承受能力已经到了极限。在这种关键时刻，她们坚信坚持就是胜利。全队队员互相鼓励，互相支撑，硬是挺了过来。这使得她们的意志品质和心理素质得到了极大的锻炼，体能和技术得到了全面的提高。

两个月之后，奥运会终于到来。王旭与日本的滨口京子相遇了。26 岁的滨口京子在世界女子摔跤界可谓声名显赫，她出生在日本的摔跤世家，6 岁开始练习摔跤，获得过 5 次世界锦标赛冠军，一直是这个项目的霸主，号称日本"铁塔"，舆论认为滨口京子最有把握为日本队赢得金牌，滨口京子也因此成为开幕式上日本代表队的旗手，日本人认为她的金牌是最保险的。原因是 2002 年的世锦赛上，王旭曾和滨口京子交过手，当时输给了滨口京子。但是，滨口京子也许不知道，王旭心里一直憋着一口气，要在雅典奥运会上打败她，这是王旭坚定不移的目标。

半决赛开始时，王旭对教练说："我等她已经两年了，我一定要打败她。"

由于日本的 4 名摔跤女选手都是世界冠军，都极具夺冠实力，所以体育馆里来了 400 多个日本人，为自己国家的运动员加油。滨口京子的父亲带来了大批的亲朋好友，她的爷爷奶奶也来为孙女助威呐喊。

第一局开始，王旭就发起了不屈不挠的进攻，不到 1 分钟就赢了 3 分。后来，因她站立中的放松不小心被滨口京子连续得了 3 分。第二局开始 1 分钟后，裁判罚王旭"消极"，这时候王旭告诫自己要撑住，滨口京子没有跪撑滚桥成功，站立后滨口京子扣手"消极"抵触，被裁判警告一次罚了 1 分，王旭得到了一个跪撑滚桥的机会。她心想，这是最后一搏，否则再没有机会了。于是，她咬牙用尽最后一点力气，结果成功了，得两分，最后以 6:3 取得了这场关键性比赛的胜利，扫清了夺冠路上最大的一块绊脚石。

当王旭最终战胜"铁塔"赢得比赛时，日本助威团都傻了。赛后，王旭哭了，不过她是为胜利而哭，而日本所谓"铁塔"及她的亲人和全场 400 多名日本人也哭了。很显然他们都是沮丧得哭了，失望得哭了。"铁塔"的父亲甚至悲伤地跳上栏杆长时间不下来，谁能想到滨口京子会被自己 2002 年世锦赛的手下败将扳倒呢？国际摔跤联合会主席瑞士人马丁找到中国摔跤队的领队钱光鉴说："你们的王旭摔哭了日本 400 多人啦！"

在决赛中，王旭一鼓作气，大败了俄罗斯选手，拿下了这一枚具有里程碑意义的奥运金牌，实现了自己梦寐以求的目标，实现了中国摔跤史上奥运金牌零的突破。

王旭通过坚持不懈、全力以赴地奋斗，实现了自己定下的目标，也实现了我国摔跤史上的一个重大目标，她的心中涌现出一种从未有过的自豪感和光荣感。王旭的成功使我想到了匈牙利音乐家李斯特的一句至理名言："人应该永远树立一个努力为之奋斗的目标，只有这样做的时候才会感到自己是个真正的人。"

目标有着巨大的威力，它能循序渐进地推动梦想的实现。

哈佛大学的教授曾做过一项跟踪调查，对象是一群智力、学历、环境等条件差不多的年轻人，调查目的是测定目标对人生有着怎样的影响。

——27%的人没有目标；

——60%的人目标模糊；

——10%的人有清晰但比较短期的目标；

——3%的人有清晰且长远的目标。

25 年的跟踪研究结果表明，他们的生活状况及分布现象十分有意思。

那些占 3%的人，25 年来几乎都不曾改变自己的人生目标。25 年来他们怀着自己的梦想，朝着同一方向不懈努力，25 年后，他们几乎都成了社会各界顶尖的成功人士，他们之中不乏白手创业者、行业领袖、社会精英。

那些占 10%的有清晰但短期目标者，大都生活在社会的中上层。他们的共同特点是，短期目标不断被达成，生活状态稳步上升，成为各行各业不可缺少的专业人士。

其中占 60%的模糊目标者，几乎都生活在社会的中层，他们能安稳地生活与工作，但没有什么特别的成绩。

剩下 27%的是那些 25 年来都没有目标的人群，他们几乎都生活在社会的最底层。他们的生活都过得不如意，甚至失业，靠社会救济。并常常抱怨别人，抱怨社会，抱怨世界。

革命前辈李大钊曾语重心长地告诫青少年："青年啊！你开始活动之前，应该定个方向。比如航海远行的人必须定个目的地，中途的指针，总是指着这个方向走，才能有达到目的地的一天。若是方向不定，随风飘移，恐怕永无达到的日子。"

坚定的目标是你人生海洋中的灯塔，无论遇到惊涛骇浪，还是碰上狂风暴雨，只要始终盯住自己的目标，你就不会被恶劣的环境所吓倒，也不会被途中的艰难困苦所屈服。

"文化大革命"开始的第二年，徐依协的爸爸妈妈都成了"专政对象"，这年她才 15 岁，正读初中二年级。学校已"停课闹革命"，搞派性斗争的人们天天斗来斗去，学校里一片混乱。而徐依协依然有自己的奋斗目标。她每天坚持复习初中课程，并加紧自学英语。

1969 年，17 岁的徐依协被安排到陕北的一个穷山村插队。她离开了父母，告别了大城市，吃水靠自己挑，烧煤靠自己背。白天到田里干活，傍晚收工回来，身体累得简直像一摊稀泥。她多么需要躺下多休息一会儿啊！但她却牢记自己的自学目标，她提醒自己再累也不能不坚持学习。

每年，她总要利用回北京探亲的机会到旧书店去选购一批中学数理化课本带回农村去攻读。学习条件异常艰苦，没有书桌，她就把菜板放在煤堆上代替书桌；没有电灯，她就点煤油灯。她给自己规定，无论多忙多累，每天至少要记住 5 个英语单词，看几页英语书刊。她每天在田里劳动后回来也不午休，抓紧一切时间坚持自学。在近 5 年的劳动间隙里，徐依协硬是记下了 4000 多个英语单词，并能用英语写日记和阅读普通读物，还自学了高中的全部数理化课程。

命运是不会忘掉坚定的奋斗者的。1977 年国家恢复高考制度后，徐依协先是考入中国科学院高能物理研究所当研究生；1978 年底，著名美籍华裔科学家李政道再次来华招收中国留学生，徐依协应试中榜，成为这批留学生中唯一一名女学生。

青少年朋友，读了徐依协的故事，你想到了什么？我想到了有人曾用麦子打的一个生动的比喻。麦子有三条出路：能够放在一个口袋里，随时被拿去喂猪；也可以被拿去磨成面粉；还可以把它撒在土壤里，让它生长，直到由一颗麦粒长成了金黄色的麦穗上的数十颗麦粒。

徐依协当初也面临三条出路：一是同许多同龄人一样，看破红尘，对前途失去信心，放弃奋斗的目标，随波逐流，怨天尤人；二是任人摆布，被动地忍受，听凭命运安排，心甘情愿接受现实，被生活磨得没有个性；三是始终盯住自己的奋斗目标，与艰难困苦搏斗，在知识的田野里顽强耕耘，并满怀希望地等待秋天的到来。

徐依协坚定不移地选择了第三条路，也用汗水迎来了金色的秋天，实现了成才途中的一个个目标。

青少年在成长过程中常犯的毛病有两个：其一是喜欢随波逐流。譬如，有的青少年认为眼下许多人都贪图享乐，我为什么不能及时享乐。这样似乎给自己找到了心安理得的借口。其实只念过初二年级的徐依协当年是可以找到许多借口去随波逐流的。但是，她不仅没有那样，反而更坚定了自己的成才目标。因为她知道如果找借口放弃奋斗的目标，那就必然会毁掉自己的前途。青少年常犯的另一个毛病是，遇到重重困难时放弃自己的成才目标。徐依协当初在陕北的穷山村利用劳动间隙坚持自学，有多少难以想象的困难啊！那时，她撤退的“理由”是很充分的。但她却是条件越艰苦越要更加坚定自己的目标。因为她不愿做环境的奴隶，她坚信，只要向着既定的目标前进，就一定会改变自己的命运。正如著名科学家爱迪生说过的那样：“我从未见过一个早起、勤奋的人抱怨过命运不好。优良的品质，良好的习惯，顽强的毅力，是不会被假设的所谓的命运击败的。”

俄国作家列夫 · 托尔斯泰这样倡议道：“要有生活目标、一辈子的目标、一段时期的目标、一个阶段的目标、一年的目标、一个月的目标、一个星期的目标、一天的目标、一个小时的目标、一分钟的目标。”

有了目标，我们还应该想方设法，充满信心地去实现目标。

1984 年，在东京国际马拉松邀请赛中，名不见经传的日本选手田本山一出人意料地获得了世界冠军。当记者问他凭什么取得如此惊人的成绩时，他说了这么一句话：凭智慧战胜对手。

当时许多人都认为这个偶然跑到前面的矮个子是在故弄玄虚。马拉松赛是体力与耐力的运动，说用智慧取胜确实有点勉强。

两年后，意大利马拉松邀请赛在意大利北部城市米兰举行，山田本一代表日本参加比赛。这一次，他又获得了世界冠军。记者又请他谈经验。

山田本一性情木讷，不善言谈，回答的仍是上次那句话：用智慧战胜对手。这回记者在报纸上没再挖苦他，但对他所谓的智慧迷惑不解。

10 年后，这个谜终于被解开了，他在自传中是这么说的：

"每次比赛之前，我都要乘车把比赛路线仔细地看一遍，并把沿途比较醒目的标志记下来，比如第一个标志是银行；第二个标志是一棵大树；第三个标志是一座红房子……这样一直画到赛程的终点。比赛开始后，我就以百米冲刺的速度向第一个目标冲去，等到达第一个目标后，我又以同样的速度向第二个目标冲去。40 多公里的赛程，就被我分解成这么几个小目标轻松地跑完了。起初，我并不懂这样的道理，我把我的目标定在 40 多公里外终点线上的那面旗帜上，结果我跑到十几公里时就疲惫不堪了，我被前面那段遥远的路程给吓倒了。"

许多人会因为目标过于远大，或理想太过崇高而易于放弃，这是很可惜的。若设定"次目标"便可以较快获得令人满意的成绩,能逐步完成"次目标"，心理上的压力会随之减小，主目标总有一天就能完成。

聪明的人，为了达到主目标常会设定"次目标"，这样会比较容易完成主目标。做任何事，只要迈出了第一步，然后再一步步走下去，你就会逐渐靠近你的目的地。

人的成长与马拉松长跑有着很大的相似之处。在人生的长跑中，落后别人一段距离并不可怕，可怕的是放弃自己的奋斗目标。只要有坚定的目标又充满智慧地将长远目标分解成多个小的目标，并各个予以击破，我们实现目标的过程就会变得很轻松，很快乐了。

美国最大的信封制造公司总裁麦基，则在他的著作《与鲨同游》一书中告诫人们做事一定要有目标，但最重要的是：第一，要知道你要建立的目标到底是什么；第二，应有详细的计划去实现这一目标；第三，对这一实现目标的计划，你还要有一个相应的时间表。这样，再加上勤劳而务实的工作，目标就会成为一个在期限内实现的梦。

因此，**为了充分实现人生的价值，我们既要敢于异想天开地定下自己的远大目标，又要脚踏实地地一步步去实现自己的目标。如果我们能不断地自我激励，能像徐依协那样，无论遇到多少艰难困苦都不找借口放弃人生的目标，那么，我们还有什么必要担心自己的目标不能实现呢？**

好榜样徐依协为你领航

1. 必须在认真分析自己各方面情况的基础上制定目标。这样在制定目标时才能扬长避短，不至于好高骛远，也不会妄自菲薄。如果目标定得过高，尽管进行过艰苦的拼搏，也无达到的可能，且会因此造成悲观失望的心理；如果目标定得过低，就不能充分地挖掘自己的潜力。

2. 制定目标时要深思熟虑，使目标富有坚定性。目标一经确定，就不轻易更改。

3. 要给自己确定实现目标的时限。如果不确定实现目标的时限，就不会有节奏感和紧迫感，从而可能形成散漫的习惯，这样很不利于目标的实现，也不利于向更高的目标迈进。

4. 要制定好向大目标靠拢的小目标。“千里之行，始于足下”，“不积跬步，无以至千里。”必须根据自己的大目标再定下每年、每月、每周的小目标。只有一点一滴地从小事做起，每时每刻都有意识地为实现自己的目标而学习、锻炼，才能使自己不断地成长起来，最终实现自己的理想目标。例如，徐依协在下农村劳动期间，给自己的每一天定的小目标是：至少熟记5个英语单词。她的较大的目标是自学完高中、大学的课程。

5. 要坚定而自信。相信自己能取得超乎寻常的成绩，不断地向自己提出更高的要求，达到了一个目标后就应更加充满信心地向下一个目标挺进。

6. 每天都激励自己向目标挺进。经常对自己说，我一定能实现自己的目标，我一定能做自己的奥运冠军！

23. 培养强烈的兴趣，让拼搏成为快乐

成功需要动力，理想是一种理智上的动力，兴趣是一种感情的动力。若能把成功的理想与兴趣相结合，则会对你的成功产生强大的推动力，并

且会让拼搏成为快乐。

所谓兴趣，在心理学上，指的是我们力求认识某种事物或爱好某种活动的倾向。它表现为专心致志地对待某种事物或爱好某种活动。这种专心、热情和耐心常常是创造性发现的先导。儿时的某种兴趣，有可能发展成为你终身的奋斗目标。青少年时代培养起对各种知识的广泛兴趣和对某一领域的特殊兴趣，对于你今后的成功是极其重要的。

格拉芙，德国体育明星。她 13 岁时便登上了欧洲女子网球冠军和世界女子网球冠军的宝座，被誉为世界体坛上的神童和“双料冠军”。

格拉芙小时候打球异乎寻常地认真和执著。4 岁时，父亲教她练习握网球拍。因为格拉芙个矮手小，练起球来很困难。但她浑身是劲，两手握拍很有力量。

父亲在家里用沙发背特制了一面小球网，天天和女儿一起练打球，从不间断。当小女儿撒娇喊累时，在一旁陪着的母亲便及时给小格拉芙端上冰淇淋和新鲜的草莓。

小格拉芙最喜欢吃的就是这两样东西。她吃了以后便来了劲，继续和父亲打网球。这时母亲便不住地鼓劲和夸奖格拉芙：“好孩子，一定要打败你爸爸啊！”

当然格拉芙当时是不可能打败爸爸的，但“狡猾”的爸爸有时也会有意输几场球。这样，小格拉芙就更有劲了。于是，网球训练成了小格拉芙最开心的运动，成了她每天必做的功课。

到了 6 岁的时候，小格拉芙在父亲的严格训练下，已经能够运用自如地发球了。特别是对难度大的击发球，掌握得十分娴熟。

1975 年 11 月，为进一步提高女儿的训练水平，父亲带着女儿来到巴登地区的莱门高校训练中心，请求多年来一直从事儿童网球训练工作、经验非常丰富的南斯拉夫人鲍里斯担任格拉芙的教练。

教练问累得直喘粗气的格拉芙：“你为什么要打网球？”“我要拿世界第一！”格拉芙表现出的倔犟而又好胜的性格，让教练欣慰地笑了，他满意地收下了这个小女孩。

教练要求很严格，每天清晨 6 时便带领小运动员进行训练。格拉芙虽然年纪小，身材较瘦，但非常勤奋、懂事。

教练“起床！训练！”的命令一下，她便一骨碌从床上跳起来。而来这里的第一次训练，小格拉芙却哭了——但并不是因为不适应或太累，而是由于不尽兴，她嫌训练时间太少，非要继续再练不可，急得哭了起来。

虽然这时格拉芙还是个小小的儿童，但她的拼搏精神已经在网球训练场上显露无遗。也许对她来说这不是什么艰苦的事，只有在拼搏中她才会享受到更多的乐趣！

小格拉芙的个性很强，一旦输了球，她会整天噘着小嘴不高兴，连饭也吃不下去。母亲看在眼里，不能不忧心忡忡，但父亲却在暗中高兴。

他有他的想法：这才是一个优秀运动员应该具备的素质！打球就要打赢球！球场好比战场，只有求胜心切的人，才会全力以赴去拼搏，才能产生一往无前的勇气。

他不失时机地向女儿反复讲明这个道理。格拉芙由此更积极地投入了艰苦的训练，并且寻找一切机会和网球好手们进行较量，从中汲取别人的长处并积累丰富的临场经验。

更重要的是，格拉芙接受了父亲制订的一整套有计划的科学训练。为了达到训练目标，她不知洒下了多少汗水，付出了多少艰辛。

一分耕耘，一分收获。格拉芙付出的艰辛，终于结出了硕果。拼搏带来的快乐此时让她更加清晰地感受到了成功的可贵分量！

8 岁时，格拉芙获得慕尼黑娃娃赛冠军；1982 年，她又击败所有的女子网球高手，一举荣获欧洲女网冠军和世界女网冠军两项桂冠，这时候她刚好度过了 13 岁生日。

格拉芙由于坚持不懈地努力，网球水平飞速提高。15 岁时，她进入温布尔登网球赛的前 16 名，并荣获洛杉矶奥林匹克邀请赛的冠军，次年进入世界前 10 名。

1986 年，格拉芙开始步入鼎盛时期。这一年，她先后在冰岛、西柏林、日本、美国和瑞士举行的国际网球大赛中，击败所有的对手频频夺魁，成为德国当年的“新潮人物”。

1987 年 8 月 16 日，德国年轻新秀格拉芙在洛杉矶网球赛女子单打决赛中奋勇夺魁，从而在国际网球系列大赛中以总分 248.9 分的成绩，超过美国著名选手纳芙蒂洛娃，摘取了她梦寐以求的“网坛女王”的桂冠。

1988 年，她又在国际网球大赛中频传捷报，连续取得澳大利亚、法国、温布尔登和纽约网球公开赛的冠军，成为 1970 年以来第一位获得“大满贯赛”冠军的选手。

1986—1989 年她连续 4 年被评为联邦德国最佳运动员。

所以，成功说困难也困难，说不困难也不困难。杨振宁说：“一个人要出成果，因素之一就是要顺乎自己的兴趣，然后再结合社会的需要来发展自己的特长。有了兴趣，‘苦’就不是苦，而是乐。到了这个境地，工作就容易出成果了。”

格拉芙的成功正是在于凭着对网球强烈的兴趣，将艰苦的训练当做最大的快乐。

兴趣是最好的老师。如果一个人对某种事物或某项活动产生了兴趣，就会激发起积极而强烈的渴望，他就会发挥出极大的积极性和创造性。

2001 年 5 月，在美国内华达州的麦迪逊中学入学考试上，出现了这么一个题目：

比尔·盖茨的办公桌有 5 个带锁的抽屉，分别贴着财富、兴趣、幸福、荣誉、成功 5 个标签，盖茨总是带着一把钥匙，而把其他的 4 把锁在抽屉里，请问盖茨带的是哪一把钥匙？其他的 4 把锁在哪一只或哪几只抽屉里？

在参加入学考试的学生中，有一位刚刚移民到美国的中国学生。看到这个题目后，这位中国学生就没了主意，因为他不知道老师出这样的题目是要考察他的语文知识还是数学知识。紧张之下，他一个字也答不上来。

考试结束后，他找到了他的担保人——该校的一名理事。这位善良的人对他说，这只是一道普通的智能测试题，并不是要测试学生的语文或者数学知识。实际上，这道题目的答案不在书本上，而且，也没有标准答案。学生可以根据自己的理解自由地回答，老师则根据学生的观点进行打分。

结果出来了。这位一个字也没有写的中国学生竟然得了 5 分，而这道题目本身为 9 分。老师认为，这位中国学生虽然没有回答问题，但是，这至少说明他是诚实的，他不知道怎么答却没有胡乱地答一个，就凭这一点应该给他一半以上的分数。

而这位中国学生的同桌的答案是：盖茨带的是财富抽屉上的钥匙，其他的钥匙都锁在这只抽屉里。他却只得了 1 分。后来，这位同桌写信去向比尔·盖茨请教答案。比尔·盖茨在回信中写了这么一句话：“在你感兴趣的事物上，隐藏着你人生的秘密。”

“关键在于你能从每天的工作中得到乐趣。对我来说，这种乐趣是与非常有魅力的人一起共事，致力于解决新问题。特别是软件开发，是最令人感兴趣的工作，我想我拥有最称心如意的工作，每次我们获得了一点成功，我就感受到了快乐，感受到了成功。”比尔·盖茨认为这就是自己成功的秘诀。

事实上，成才者的秘诀就在于有强烈的兴趣和爱好，以及由此产生的无限热情。兴趣是追求目标的重要动力。有了无限的热情和强烈的兴趣，再艰苦的训练和拼搏也是快乐的。人生真正的快乐在为梦想而拼搏的过程之中。古今中外的许多伟大的革命家、科学家和发明家，他们之所以能够立业成名，很重要的一条就是因为他们很注重培养自己的兴趣。

爱迪生几乎每天都在他的实验室辛苦工作长达 18 个小时，他吃饭、睡觉都是在实验室里，但是，他从来没有觉得辛苦。他说："我一生中从未间断过一天工作，我每天其乐无穷。"

1912 年，年方 19 岁的毛泽东在一连投考实业、法政、商业几个专业都不满意而自动退学后，报考湖南省立高等中学，以第一名的优异成绩被教育家符定一录取。符定一对毛泽东十分器重，特地借给他一部《资治通鉴》。毛泽东对这部史著十分感兴趣，反复阅读，一生曾圈点阅读 17 遍。有人认为毛泽东正是从喜爱上《资治通鉴》开始，培养起对历史和政治的强烈兴趣。后来，中国人民在毛泽东的领导下，赶走了外国侵略者，推翻了国民党反动政府，实现了一百多年来中国人民梦寐以求的和平、民主与自由。

我并不主张人人都要从小追求成名成家，但从小就有健康向上的爱好和兴趣的人，即使不能建功扬名，也会拥有快乐的人生。

成才的动力是多方面的。崇高的理想，正确的目标，无疑是十分重要的。但是，对青少年来说，成才的动力中最活跃、最直接、最有效的还是兴趣。有经验的老师都十分注重培养学生发现和解决疑难的兴趣；没有经验的老师常常向学生灌输"标准答案"。其实，学生对所学的知识产生了兴趣，他们就会主动地去钻研，其效果是可想而知的。一切卓有成就的人才都不是靠老师给灌出来的。

一项研究表明：如果一个人对本职工作感兴趣，工作的积极性就高，就能发挥出他全部才能的 80%～90%；如果一个人对工作没有兴趣，工作积极性就低，只能发挥他全部才能的 20%～30%。难怪德国著名作家歌德这样说："如果工作是一种乐趣，人生就是天堂。"因此，对于青少年来说，培养对事物的兴趣，尤其是把兴趣与以后的发展方向联系起来，这实际上为自己的成功打开了第一道门，也是为自己插上了腾飞的翅膀。

1. 把兴趣上升到志趣的高度。志趣常常是与人的信念和理想相联系的，它是一个人的意志在兴趣中的集中体现，一般情况下，兴趣有较大的波动性和随意性，而志趣则具有稳定性和持久性。只有有了远大的志趣，才不至于在一般兴趣的海洋里盲目沉浮。

2. 在学好功课的基础上培养课外兴趣。培养广泛的兴趣，首先要学好课堂内的各门功课，掌握好基础知识。

3. 处理好课堂学习和课外兴趣的关系。有的同学说："我连功课都没有时间学好，哪有工夫去发展课外兴趣。"课内学习与课外兴趣，客观上确实存在一定矛盾，但也有相通的一面。课外学习虽然要花一些时间和精力，但有助于青少年扩大知识面，培养自学能力，这能促进课内学习。有时课内的难点疑点，就豁然开朗。因此，适当增加课外阅读，可以巩固和加深理解课内的基础知识。

4. 要及早突出自己的核心兴趣。核心兴趣能使你通过对某一方面或某一领域的热烈追求和深入探讨，来发展自己在某一方面或某一领域的特殊才能。一旦主攻方向确定，就应当有意识地培养和发展自己的核心兴趣，抑制其他方面的兴趣，并使其他兴趣为核心兴趣服务。

5. 如果你能在自己感兴趣的事物上面多花时间和精力，有一股强烈的探索精神，那么，你就能创造自己的奇迹。

24. 树立坚定的决心

伟大与平庸者之间最关键的差异在哪里？在于对事业的成功是否有坚定的决心。

每个人每天会产生 5 千个左右的想法，其中每一个都会影响你所有的细胞。在通向事业成功的途中，如果你的决心不坚定，你的心态就会受到影响。如果带着坚定的决心工作，你就会处处表现得自信、乐观、主动。反之，如果抱着消极被动的心态去干事业，你就会经常显得犹豫、软弱、不如意。

美国著名的成功学专家拿破仑・希尔在分析了 25000 多个失败者的经

历后，得出一个结论：这些人之所以失败，就在于缺乏决心，这点几乎在所有导致失败的因素中占了首位。没有迅速下决心的习惯，或者随意改变自己的决心，这些都导致了那 25000 多人的失败。有志于成才的青少年应从中吸取教训，着眼于自己既定的目标，培养迅速下定决心的习惯，为了实现成才目标，遇到任何困难、挫折和失败都绝不屈服。

作为一名跳水运动员，熊倪的目标始终是奥运冠军。但这条通往巅峰的路充满了艰辛的荆棘，而熊倪却从来没有丝毫动摇过自己的决心。

熊倪于 1982 年进入省队，1986 年参加全国跳水冠军赛，一举夺得四项冠军，随即被选入国家队。1987 年熊倪首次参加国际比赛，获得冠军。同年，他在一系列国际跳水比赛中连连夺冠。

1988 年 9 月，年仅 14 岁的熊倪站在第 24 届汉城奥运会的跳台上，向当时蜚声世界的美国“跳水王子”洛加尼斯发起了挑战。但是，由于一些比赛之外的因素，熊倪只获得了一枚银牌。

屈居亚军的熊倪，真正体会到竞技运动的残酷。是自己天分不够吗？不是。是自己不够刻苦吗？也不是。他想，也许这就是自己的命。他甚至不想跳水了。此时，一直支持他的父母向他伸出了温暖的双手。母亲以默默无闻的关心表达她一如既往的爱，父亲告诉他：“天行健，君子以自强不息。”话虽短，却发人警醒。

就是这句话，伴随熊倪走过了痛苦和失败，使他下定决心：“一定要夺取奥运会跳水冠军。”他始终憋着一股气，一头扎进了枯燥沉闷的训练中。每天，熊倪都要在教练的指导下苦练两个难点动作，给自己开“小灶”，每天上百次地从高台跃下。在整整 4 年里，他从来没有回家过一次春节。熊倪说：“那时候我每天都在为巴塞罗那奥运会作倒计时，训练一天也不敢停，停一天，我的水平就会倒退一天，而这一天的损失又要拿许多天来弥补……”经过艰苦训练，熊倪的竞技水平整体上又提高了一个档次，技术上更加成熟，发挥更加稳定，他对自己的实力充满信心。

但遗憾再次发生。在 1992 年第 25 届巴塞罗那奥运会上，命运似乎和这位少年开起了玩笑。尽管在预赛中熊倪一路领先，以第一名的身份昂首进入决赛。但决赛的前夜，熊倪竟然失眠了，直到天亮时，他才迷糊了一阵。决赛的结果大大出乎教练们的预料，熊倪竟然在 207C 这个仅翻半周的简单动作上失手了。赛后，熊倪说：“这个动作我跳一万次也许只有一次失手，但这万分之一为什么偏偏发生在奥运会的决赛中呢？”他这次只得了一块铜牌。

18 岁的熊倪，再次体会到竞技运动的残酷。1 个多月的时间里，熊倪一直在冥思苦想，他想得越多，内心深处就越怀念自己在训练馆里那种自强不息的岁月。其实，他的梦想、他的悲欢，甚至他的生命早已和跳水在一起，永不分开。

于是，熊倪不得不再次卧薪尝胆。1993 年初，熊倪终于又走上了跳台，在当年的世界杯上，他一举夺得团体和个人两项冠军。这次胜利极大地鼓舞了他，使他在奥运会上夺冠的决心更加坚定。

这时候，长期的运动生涯带来的伤病开始困扰他，膝关节、踝关节、腰椎多次受伤，还动了手术。他强忍着伤痛继续苦练，每天的量比小队员还大。同时他还做出了一个十分勇敢的决定：改练跳板。

男子跳板是中国选手在奥运金牌上的空白点，熊倪以一个中华健将特有的大无畏精神和坚定的决心向这个陌生的领域发起了挑战。

1996 年奥运会在亚特兰大举行。有了前两次的失败，熊倪此时已经无所畏惧，即使命运对他再苛刻，他告诫自己也得像个男子汉一样坚强地站着。北京时间 1996 年 7 月 30 日上午 10 时，熊倪终于以一个完美的 407C 动作结束了比赛，他战胜了所有的对手，一举为中国赢得了第一枚男子 3 米跳板金牌。这也是他运动生涯中获得的第一枚奥运金牌，尽管整整迟到了 8 年，但是毕竟圆了他渴盼已久的奥运金牌梦。

熊倪在那一刻哭了，在汉城，在巴塞罗那，他都没有流泪。他把头紧紧地靠在墙上，他想，那个梦不会再溜走了。他又抬起头，面对观众，努力抑制着泪水，一面五星红旗就要升起……

人人都向往成功，人人都渴望创造人生的辉煌。但是，在通往成功与辉煌的道路上，从来没有人是一帆风顺的，无数难以想象的艰辛和挫折会考验我们的意志和决心。奥运冠军熊倪凭着自强不息的坚定决心，经受住了一切考验，他终于成功了。

美国前总统罗斯福说过：“也许个性中，没有比坚定的决心更重要的成分。小男孩要成为伟人，或想日后在任何方面举足轻重，必须下定决心，不只要克服千重障碍，而且要在千百次的挫折和失败之后获胜。”

炸药发明家诺贝尔就是饱经艰辛，屡受挫折，屡遭惨败的磨炼而获得成功的伟大科学家。他在发明和研制黄色炸药的过程中，经历过几百次的失败，多次发生恶性爆炸。1864 年 9 月 3 日那一次爆炸尤为惨重：整个海伦堡实验室和工厂全部变成了一片瓦砾，他的五位助手和 22 岁的弟弟埃米尔，还有一些过路人全被炸死，诺贝尔本人若不是跟他父亲去斯德哥尔摩签订一份重要合同而没在家，恐怕也难以幸免。诺贝尔承受着失去亲人的痛苦，还要承受来自各方面的压力——舆论的谴责，警方传讯，政府禁令等。在如此艰难的情况下，诺贝尔不仅没有灰心、气馁，反而以更加坚定的决心到荒无人烟的岛屿上进行黄色炸药的研制实验。在一次实验中，诺贝尔点燃一根雷管，专心观察，突然一声巨响，雷管爆炸了。人们哭喊着："这一次诺贝尔完了！"可是，诺贝尔却带着满身的伤痕，从废墟里跑出来，边跑边狂欢道："我成功了，我成功了！"

就是在那些令常人难以想象的艰辛、挫折和失败的严峻考验中锤炼出来的伟大决心，使诺贝尔最终成为硕果累累的伟大科学家。诺贝尔一生共获得 350 项专利。他赢得了世界声誉和巨额财富，并立下了名垂千古的"诺贝尔奖"，即把自己拥有的 920 万美元的财富作为基金，把每年的 20 万美元的利息作为奖金，奖给为人类科学事业、和平进步事业有杰出贡献的人。

诺贝尔对科学事业所作的贡献是杰出的，诺贝尔对科学发展所起的推动作用是空前的，诺贝尔所历经的艰辛和危险是罕见的，诺贝尔遭受的打击是极其惨重的。如果诺贝尔没有超人的决心，是绝对不可能成功的。

许多青少年在成长途中之所以不能取得令人满意的成绩，一个很直接的原因在于他们缺乏战胜困难、挫折和失败的坚定决心。我曾对 13 所初中的同学进行调查，他们中有许多同学承认自己缺乏成才的决心。有一位同学这样写道："我没有十足的决心成才，因为我的能力和水平赋予我的只有这些。"像他这样因为不相信自己的天赋能力而不肯下决心成才的人在中学生中较普遍地存在。

还有一些同学，他们没有决心成才，其原因不过是某一门功课的成绩不佳。有一位中学生在问卷中写道："我没有决心成才，因为我的英语成绩很差。"没有决心克服"英语难关"的中学生何止这位同学一人呢？一门中学英语课程竟成了那么多热血少年成才路上"不可逾越"的障碍，这是多么不可思议啊！

作文对中学生来说是一道难关。而在这道难关面前，许多同学通常不是下决心迎难而上，而是畏缩不前。

另有一些同学，在学业上几经努力而屡遭挫折后，便丧失了成才的决心，断定自己"不是这方面的料"，从此得过且过，虚掷宝贵的青春年华。有的少年甚至常常到黑网吧去寻求所谓的解脱。

其实，同学们不妨静下心来想一想："我面临的困难或挫折真的是不能征服的吗？比诺贝尔发明炸药还艰难吗？比欧立希发明 606 新药更困难吗？比只有初中文化的刘东升历经 1160 次失败而研制出造纸黑液树脂更不容易吗？”你会在内心承认：“不是的，同那些科学发明上的难关比起来，我在学习上遇到的困难和挫折简直算不上什么！”

诺贝尔文学奖获得者、印度著名作家泰戈尔有一句名言：“我不祈求痛苦和困难有所止尽，只希望有一颗征服它的心。”在人生的道路上，失败的痛苦和各种各样的困难是很难有止尽的。但是只要你具备一颗征服困难的心——坚定的决心，你就会不断从胜利走向新的胜利。

因此，从小培养奥运冠军和科学家所特有的决心，会为你日后成才打下良好的素质基础。有了这种特殊的决心并经常运用，那么，你就不必担心自己日后不能成就一番大事业。

好榜样熊倪为你领航

1. 树立远大的目标。伟大的目标才能产生伟大的决心。有许多青少年遇到困难后不肯下决心，是因为他心中没有远大的目标作动力。

2. 要坚信自己的潜能。遇事喜欢怀疑自己能力的人是很难下定决心的。坚信自己的潜能，才能下定决心。要知道，你有自己的头脑和心灵，你完全能凭自己的头脑、心灵和力量去干你需要干的事情。

3. 尽量读一些关于奥运冠军和科学家的传记，了解他们是怎样下决心战胜种种艰难困苦的，从中获得经验和力量。

4. 如果你能培养坚定的决心并在此基础上奋力拼搏，那么，你一定能创造属于自己的奇迹，你就能做自己的奥运冠军。

五、有责任感才会奋发向上

25. 牢记责任是成功者的第一秘诀

没有强烈的责任感，就没有压力，而没有压力，就没有动力。每个青少年都必须记住：要想取得成功，就必须沉下心来，脚踏实地地去做。一个没有强烈责任感的人是不可能奋发向上的，也是不可能创造出卓越成绩的。

成功源于强烈的使命感和责任感。奥运冠军们如果仅仅是为了个人的名利是不可能迸发出如此强烈而持久的进取精神的。

邓亚萍是世界乒乓球历史上最杰出的女子选手，曾经 18 次夺得过奥运会、世界锦标赛、世界杯冠军，共夺得国内外大赛 130 多枚金牌，世界排名连续 8 年保持第一。

从一次次拼搏进取的经历中，邓亚萍渐渐感到了自己肩上的责任："代表祖国到世界赛场去拼杀，每当登上冠军领奖台，听国歌奏响，看国旗升起，眼里总是含着激动的泪花。因为没有祖国和人民的培养，就没有我的一切。"

她说："国家在并不宽裕的条件下，给我们配备了教练、陪练和训练设施。我们吃的、穿的、用的也几乎都是国家提供的，是祖国母亲的乳汁养育了我，我必须时刻牢记自己的责任和使命。否则我就不可能产生强大的动力，不可能战胜强劲的对手。"

在邓亚萍的心目中，祖国高于一切，祖国的利益永远高于自己个人的利益。邓亚萍的名不可谓不响，功不可谓不大，然而，她为了国家、集体的需要，总是无怨无悔地奋力搏击。邓亚萍曾经深情地说："我的背后有 13 亿人民，能够代表祖国打球是我最大的光荣。"

前些年，一些运动员、教练员跨出国门，到国外俱乐部打球或执教，收入远比国内多。乒乓球界一些人士也曾担心地说："如果邓亚萍代表其他队与中国选手对阵，那结果……"

邓亚萍回答："退役后，我是不会加入国外球队打球的，作为一个中国人，我今后不管干什么，决不会忘记祖国母亲，决不会忘记自己是中国人，决不干有损于祖国荣誉的事。"邓亚萍认为，她并不仅仅代表自己一个人，她所代表的是中国和中国运动员的形象。

邓亚萍说到做到，她始终不忘祖国的养育之恩，将爱国之心化作平时的行动，时时想到回报祖国。作为北京申奥成员，她亲赴莫斯科为北京赢得 2008 年奥运会举办权作出了巨大贡献。在热衷于各项公益事业的同时，邓亚萍把完成博士学位，掌握更多的相关知识，更好地为祖国和人民服务，更有效地为北京奥委会出力，当做自己最神圣的责任。

的确，中国运动员取得的每一项成绩，都有着超乎寻常的沉重分量，他们用自己的行动诠释了一个崇高的信念——祖国高于一切！最得意的时刻，是为祖国拿到金牌！正是因为有这样强烈的责任感和使命感，正是因为有这个坚定的信念，中国运动员才处处体现出势不可当的奋争锐气、蓬勃向上的顽强斗志和达观文明的气度风范。

可见，高度的使命感和责任感的确是一个人成就事业的最大动力。一个人如果没有高度的使命感和责任感，那么，他对于自己理想和事业的激情可能会保持一阵子，但要保持一辈子却是很困难的。

如今的中小学生，其学习条件和生活条件不知比长辈们强了多少倍，但为什么却有很多孩子厌学、逃学、不思进取呢？我认为其中一个很重要的原因在于他们对自己、对家庭缺乏责任感。没有责任感的人就没有理想，没有理想的人就没有志气，没有志气的人不可能很勤奋、很珍惜少年时光。这样的孩子整天只知道吃喝玩乐，无所用心。只有那些对自己、对家庭十分有责任感的同学才能牢记自己的神圣使命，勤奋学习，不断进步。因此，青少年要想成才，必须首先从培养强烈的责任感开始。

1999 年获得山西省高考文科状元的陈胜被北京大学录取后，经常在各种场合遇到一些家长和学生向他追问成功的秘诀。他后来感慨地说："看到求教者热切的眼光，我总是感觉到非常的为难。我之所以能考入北京大学，绝不是因为得到了什么特别有用的秘诀，而是因为当我在小学二三年级的时候，我就已经明白自己应该怎么做了，我已经很清楚自己肩上的责任了。我不能眼看着我的亲人们再为柴米油盐而发愁，我不能让我的亲人们在贫困中苦苦挣扎，一句话，我不想看着爱我和我爱的人们继续承受他们正在承受的苦难！所以，我必须好好读书，只有这样，我才有可能改变自己和亲人们的命运。"

"小时候，我家里特别的贫困。家里经常连几元钱甚至几角钱的现金都拿不出，我至今清楚地记得，有一次上学要用两角钱，家里拿不出，妈妈只好去别家借，后来还因此受别人的嘲笑。全家人的吃穿用都已简单到不能再简单的地步了，全家的衣服都由母亲或奶奶亲手缝制；一年到头饭桌上摆的都是自家腌的咸菜，能有一盘炒菜就算很难得了；全家没有一样像样的家俱，时至如今，十几年了，家里添置了两样家具：一台勉强能看的 14 英寸的黑白电视机，一件自己做的立柜；我们兄妹三个童年时代也从不曾与糖果、玩具之类有缘。"

"穷人的孩子早当家，生在这样的家庭，我很小就懂事了。我知道家里的一针一线都来之不易，应该珍惜，我从不向父母提出任何'过分'的要求，只要可能，我尽量节省，我从来不曾主动要求父母买零食、新衣服或玩具，现在想起来，我有时忍不住为自己感到骄傲！我懂得体谅亲人们的艰难，我从不曾因为物质条件的窘迫而对亲人有过一丝一毫的埋怨，我很清楚，他们已经付出了太多，给予我太多，他们所付出的心血和汗水绝不亚于天底下任何人，穷困不是他们的错，我对于他们只有感激和愧疚。"

"从那时起，直到现在，我从不曾忘记我肩负的责任，正是它伴随我走过十几年的求学生涯，随时给我以鞭策和激励，没有它，我也许不会'成功'"。

当然，我举这个成功者的例子，并不是说所有贫困人家的孩子都有责任感。也有很多同学，虽然他们的家庭很贫困，但他们却并不体谅父母的艰辛，他自己不仅没有产生丝毫的责任感和紧迫感，他们不仅不与同学比学习、比勤奋，反而与别的同学比吃穿，有的同学甚至嫌弃自己的父母太穷。有个小学五年级的女孩，母亲离婚后一个人供她上学，没有稳定的收入来源，每月辛辛苦苦打零工的收入只有三百多元，可她参加班里组织的春游时，一餐就吃了 80 元。这样不体谅母亲艰辛的孩子是不可能产生奋发向上的动力的，也是不可能成才的。

值得同学们注意的是，很多富裕家庭成长起来的孩子，由于父母的过分呵护和溺爱，不仅自己从没经历过任何苦难，而且对那些从小就有强烈责任感、克服重重困难成长起来的人不理解，觉得自己家庭环境完全是另一种状况，与贫困生没有可比性，因此，不能像他们那样努力奋斗。其实，这样的理解是错误的、片面的。家庭条件优越的孩子应该学习的是榜样那不怕困难、敢于承担责任的精神和品质。人家在那样艰难的情况下还在奋斗，你的父母为你提供了那么优越的条件，你成长的困难比别人小，更应珍惜机会，努力学习。否则，身在福中不知福，不惜福，是会吃亏的。

陕北有个女孩宋彩玲，她 15 岁那年，家里突然出现了父亲摔死、母亲瘫痪这样天塌地陷般的灾难，村里的父老乡亲都劝她赶快发电报通知 25 天前参军入伍的哥哥回来。然而，宋彩玲却为了不影响哥哥的情绪，为了能让哥哥安心服兵役，毅然将家里突然发生的巨大灾难向哥哥隐瞒下来，而她自己却一个人用稚嫩的肩膀承担起全部责任。从此，在长达两年的时间里，她坚持每天凌晨 4 点钟起床抓紧时间把妈妈全天要吃的饭菜烧好放在妈妈顺手就能够得着的床边，然后徒步走四公里山路去上学，下晚自习后又风雨无阻地赶回家里侍候瘫痪在床的妈妈，每个星期天还要下地干农活（过去是爸、妈、哥哥三个大人干的，现在由她一个小女孩干）。除此之外，她还要坚持在紧张之余尽量抽空含着苦涩的泪水给远在部队的哥哥写信报平安。在长达两年极其艰辛而又紧张的日子里，宋彩玲给哥哥写了多达 68 封家书，信中字字都是美丽的谎言。她不但坚持给哥哥写信报平安，而且鼓励哥哥在部队报名上函授中专，哥哥因此来信说："你不是每次都说家里条件好起来了吗，那就给我寄 200 元钱让我报名学中专函授课程吧！"宋彩玲在家里连两元钱都没有的情况下，跑到县城用自己 400 多 CC 鲜血换来 800 块钱。卖了血，她马上一口气跑到邮局，给哥哥寄了 200 元，并在附言上说："家里又卖了几只羊，需要钱只管来信说！"其实她卖的是自己的鲜血啊！

从邮局出来，宋彩玲又上药店给妈妈一下子买了 185 元治瘫痪的药，然后给舅舅还上 200 元的债务，还剩 200 多元钱，她自己却连 5 角钱一只的冰棒都舍不得吃。

两年后，宋彩玲的哥哥回家探亲时终于震惊地知道了真相，哥哥回到部队拿出妹妹写给自己的 68 封报平安的家书，让战友在报上报道，一下子就刮起了新闻旋风。在人心浮躁的商品社会里，一个陕北少女用自己羸弱的身体、淳朴的心灵，给世人吹来了一股清凉的春风。随后，信件和汇款压弯了乡邮递员的车梁，将近 6 万元的捐款，不仅让彩玲还完了所有债务，还把母亲送到延安大医院治疗。母亲去世后，还剩下 2 万多元。彩玲把钱送到吴旗县文教局，让文教局把这些钱分给那些像她一样的贫困学生。于是，一个以她名字命名的“彩玲助学基金会”在陕北高原诞生了。2000 年，彩玲以优异的成绩考上了西安财经学院。

她的事迹通过中央电视台报道后，曾在全国观众中产生了强烈的反响。这是一个何等有责任感的女孩啊！如果没有强烈的责任感和使命感，宋彩玲是绝对不可能为家庭承受如此多的苦难的。如果对自己的未来没有责任感，宋彩玲是绝对不可能在如此艰难的条件下继续坚持去完成学业的。如果没有强烈的社会责任感，她不可能将 2 万多元的“巨款”捐献给其他贫困孩子。正是有了这样的责任感，宋彩玲才能从一个特困家庭的普通女孩成长为一名备受社会尊敬的优秀大学生。

一位伟人曾这样说道：“人生所有的履历都必须排在勇于负责之后。”是的，责任可以让每一个人保持最佳的精神状态，投入到任何具有挑战性的工作中并将自己的潜能爆发。然而，现在有很多年轻人自己并不努力，却总是怨天尤人。他们不珍惜美好的青春，不设计美好的未来，而是过着得过且过的“逍遥”生活。父母的溺爱成了他们的腐蚀剂，他们不自立，懒于为生计奔波，对自己的未来一点都不负责任。而一个对自己都不能负责的人，又如何对别人负责呢？

责任心是衡量一个人是否成熟的重要标准。一个没有强烈责任感和使命感的人是不可能走向成功的。只有具备了强烈责任感和使命感的人，才能用积极主动的心态对待事物，主动去承受压力，战胜困难，才能全力以赴，坚持不懈地奋斗，创造人生的辉煌。

好榜样宋彩玲为你领航

1. 牢固地树立责任意识。要懂得每个人在享受权利的同时都应承担相应的责任。要学会承担与自己的年龄相适应的责任。

2. 主动在家里分担一定的家务劳动，并通过做家务劳动来培养自己的责任意识。

3. 把责任意识与自己的成才结合起来，做一个对自己、对家庭、对社会都很负责的人，努力学习，立志成才。要知道一个不学无术的人将来是没有能力去承担任何责任的。

4. 培养责任意识就必须自觉抵制黑网吧和早恋等不良诱惑。如果受到太多的诱惑，分散了精神，耽误了学业，就是对自己、对父母最不负责的表现。

5. 以邓亚萍、宋彩玲为榜样，始终牢记自己肩上的责任，培养不向任何困难屈服的精神。

6. 如果你能树立起高度的责任意识，那么，在奋斗的过程中，你就会保持拼搏的激情，你就能创造属于自己的奇迹，做自己的奥运冠军。

26. 人最大的不幸在于没有志向

志气是人的灵魂，人生最大的不幸是没有志气和理想。青少年要想成才，志气是必不可少的最重要的东西。试想：一个没志气的少年，他能吃尽千辛万苦、想尽千方百计去奋斗吗？不可能的。不知同学们注意到没有，那些经常旷课、逃课的人，那些沉迷于网吧的人都是些有远大志向的少年吗？那些早恋的人都是些有远大志向的少年吗？不可能的。

有位父亲发现自己读初中的儿子早恋了，他既没有大惊小怪，也没有横加指责，而是十分轻松地问了儿子几句话：

"儿子，听说你谈恋爱了，你的女朋友漂亮吗？"

"挺漂亮！而且我很喜欢她，你觉得应该怎么办？"儿子说。

父亲说："如果你将来打算就在本县发展，你可以和这位女孩谈恋爱，但如果你打算到省城去发展的话，你就应该等几年考上大学后到省城去谈恋爱，那里大多都是来自全省各地的优秀女孩。如果你想到北京去发展的话，你就应该将来报考北京的大学，然后到北京去解决恋爱问题，如果你想到国外去发展的话，你就应该有到国外找对象的机会，天涯何处无芳草？莫愁将来没知音。总之，你还很年轻，前途很大，机会很多，你应该把目光放远一点，树立远大理想，把握住自己读书深造的机会，先发展自己的才能，到时候看最终选择在哪里发展事业，就在那里找对象不是更好吗？"

儿子觉得父亲说得很在理，也就没有再和那位女同学谈恋爱了，觉得自己还是应该树立远大的志向，珍惜少年时光努力拼搏。

其实，父亲是想通过民主对话告诉儿子：少年时代没有大志向的人，整天沉迷于早恋之中，必然误了自己的美好前程。试想，一个不学无术、一事无成、贫困潦倒的人可能拥有美丽的爱情吗？青少年朋友，还是先趁早立下大志向，努力拼搏一番吧！

有的青少年也许会说，我这么穷，学习成绩这么落后，再有志气又能怎样，不如及时行乐，谈谈恋爱，或在网吧里多玩一玩算了。这种想法是非常错误的，一个少年只要有志气又扎实肯干，他的前途是不可限量的。

李宁是来自广西的壮族运动员，从小就酷爱体操，立志长大要夺取体操冠军。为了实现这一远大志向，他把自己家的地板当做训练场，把床上的被子放在地上就练习翻跟斗，在课堂上要跟同学们表演燕式平衡，甚至过马路都要练着侧手翻滚动……他 8 岁的时候，广西体操队的教练梁文杰慧眼识人，将他收为门下弟子，李宁从此也就进入了他所热爱的体操殿堂。体操房内那荡漾的吊环、高高的鞍马、松软的海绵垫，成为伴随李宁度过无数个日日夜夜苦练的挚友，宽大的练功房为李宁开创了习武的广阔天地。

1980 年，李宁被选入国家集训队，从师于著名体操教练张健门下。在名师的指点下，经过勤学苦练，他的体操技术突飞猛进。在这段时间里，李宁除了练就一身过硬的基本功之外，逐渐形成了自己独特的风格和创新，从必然王国进入到自由王国。李宁沉浸在那梦幻般的王国之中。

他 1981 年第一次在世界大学生运动会上崭露头角时，就一举夺得了 3 枚金牌。紧接着，李宁又在 1982 年的第六届世界杯比赛中，一个人独揽了个人全能、自由体操、单杠、鞍马、吊环和跳马，共 6 块金牌，创造了世界体操史上空前的奇迹。尤其是男子全能冠军这一项目，更是具有划时代的意义。因为这个项目的金牌自 1952—1982 年所有的国际大赛，包括世锦赛、世界杯和奥运会，除了 21 次体操比赛中日本选手 4 次夺金外，其余的 17 次冠军都被苏联选手所垄断。这次世界杯赛中李宁的出现，打破了苏联的一统天下，翻开了世界体操史上的新篇章。当时路透社的评论写道："今天晚上开始了中国人在体操项目上占主导地位的新时代。"

在 1984 年洛杉矶奥运会上，李宁一举就赢得了 3 枚金牌、2 枚银牌和 1 枚铜牌，成为本届奥运会上所有运动项目中获奖牌最多的一名选手。李宁一出场就气势如虹，以他那一连串新颖而优美的姿势，娴熟而精湛的技巧，一气呵成，完成了一整套完美的高难度动作。什么空中翻转两周加转体 360°，屈体空翻两周半，后空翻转体 720° ……这些听起来就令人犯晕的名称，他以无与伦比的矫健身姿征服了观众和裁判。李宁一时间创造了奥运赛场上的东方神话，他的出现使整个运动会为之一震。在奥运赛场上久违了的中国队，初出茅庐就赢了个满堂彩。

李宁从小就立志要成为一名冠军，李宁的这个"童话"，这个儿时的梦想终于成真了。在李宁的体育生涯中，他征战了无数场中外比赛，共赢得了 100 多枚奖牌。他不仅成了闻名中外的体操冠军，而且还被誉为“东方的体操王子”。20 世纪末，在国际体育记者协会评选产生的 25 位“本世纪最佳运动员”中，李宁与拳王阿里、篮球飞人乔丹、球王贝利等世界巨星齐名，被评为 20 世纪的 25 位最佳运动员之一。国家体操联合会还以他的名字命名了两个体操动作：“吊环李宁上摆”“双杠李宁大回环”。李宁这个名字意味着中国的光荣，意味着东方体操的成功。虽然李宁因为身上的伤痛离开了他所热爱的体操事业，但是，世界上公认李宁为当代最伟大的运动员之一，他的名字已经被镌刻在了 20 世纪的体育丰碑上。

世界上人和人之间为什么会有天壤之别，其根本原因应该在于是否有高远而坚定的志向。

获得诺贝尔和平奖的美国政治家托马斯·伍德罗·威尔逊少年时期很崇拜著名的英国政治家威廉·格莱斯顿，因为格莱斯顿很有演说才能。

少年时期的威尔逊经常模仿格莱斯顿的演说风格，与别人进行辩论。他尽力争取参加每一场学校举办的辩论会，这让他在学校里出尽了风头。少年时期的威尔逊学习成绩并不是特别优秀，在班上排名中等，但是，他却有自己的志向，那就是当一名优秀的政治家。在威尔逊的房间的墙壁上，挂着格莱斯顿的照片，威尔逊经常对着格莱斯顿的照片，想象自己也能当上政治家。后来，布莱特、伯特、巴奇奥等政治家的照片也被挂在墙壁上。

威尔逊的父母非常希望他能够成为一名牧师，但是，威尔逊的志向并不在此，因此，他似乎得不到父母的支持。

一个星期天的下午，威尔逊在家里忙着填一堆小卡片。父亲觉得很奇怪，就走到他背后观察，发现威尔逊竟然在制作自己的名片！

“你在给自己做名片？”父亲问。

威尔逊回头发现父亲站在后面，就回答道：“是的，爸爸。”

父亲随手拿起一张威尔逊做好的名片，问道：“你制作名片有什么用吗？”

小威尔逊毫不犹豫地回答：“我想让人知道我的志向！”

“你的志向？”父亲有点疑惑，但是，他仔细地看了一下名片，却发现名片上写的头衔竟然是“佐治亚州参议员”。

父亲诧异地看着威尔逊。威尔逊自信地对爸爸说：“是的，爸爸，将来我会成为议员的。”

对于儿子的志向，父亲有点吃惊，他说：“可是，等你将来当上议员后再制作名片也不迟啊？”

威尔逊坚定地对父亲说：“不！爸爸，我现在就要向大家表明我的志向和决心。”

可见志向是人生海洋里的灯塔，是人生的旗帜，是前进的方向，是不竭的动力和意志的保障。

美国演员麦尔顿说过：“人生好像爬山一样，你必须有想达到山顶的雄心壮志，否则永远无法爬到山顶。但如果只是埋头往上爬，不管横阻在前的岩石，也是徒劳无功的。雄心壮志加上小心谨慎才是成功的条件。”

志气是一个人的灵魂。志气是由两个部分组成的，即“志”与“气”。志，是志向，指一种追求远大目标的理想。“气”就是气魄。志气是一种远大的志向和宏大气魄的结合，那是一种积极的精神力量。奥运冠军李宁等杰出人才都是凭借这种精神力量拼搏出来的。青少年朋友如果立志成才，并不断用好榜样激励自己，也一定能创造属于自己的奇迹。但现实生活中为什么有那么多平庸者呢？因为他们缺乏远大的志向和为志向而不懈拼搏的意志。美国的马登有段名言特别精辟：“这个世界没有任何力量能够阻碍我们走向成功，如果有，就是我们自己。”

讲到这里，我要向你推荐李勃龙所著的《我要成功》一书中的一首诗。我觉得这首诗好极了，特别能激发人的志向。

有志者，事竟成。
无志者，一事无成。

我们要想获得成功，就必须立下志向与理想。

志向和理想是我们生活中的导航塔和航标灯，指引我们通往想要去的地方，避免迷失自我，迷失方向。

志向和理想可以推动和激励我们去不停地攀登、追求，帮助我们突破、成功。

人生最大的不幸是没有志向和理想，不知道所要去的方向，头脑空空，迷惘、彷徨，像迷途的羔羊。

如果我们有了志向，有了自己心中的理想，并能坚定不移地走下去，我们一定会获得无法想象的成功。

要早立志，立大志。
立志意味着我们敢于向自我挑战。
立志意味着我们胸怀远大、珍惜人生。

我们一旦决定自己人生追求的志向和理想后，我们便找到了人生的乐趣。

要时常问自己，我的志向和理想是什么？我为什么来到这个世界？

读了这首催人奋发向上的好诗后，请你闭上眼睛问自己："我有远大的志向吗？如果没有，那该是多么不幸。难道我要一辈子平庸吗？不！我必须现在就立志。"

我建议青少年每天早晚都用心读这首诗。

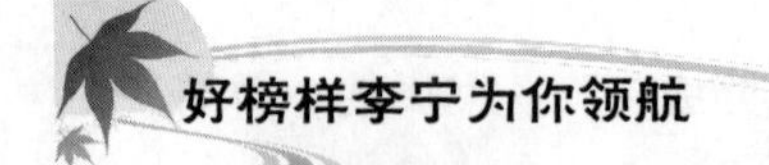

好榜样李宁为你领航

1. 一定要早立志。因为志向立得越早，就越有利于你珍惜少年时代的大好时光。

2. 一定要立大志。从某种程度上讲，志向立得越大，对自己的激励作用就越大。高尔基有句名言："一个人的志向越大，对自己对社会则越有利。"

3. 要脚踏实地，一步一步去实现自己的志向。树立志向时需要异想天开，但要实现志向必须脚踏实地，一步一个脚印地前进。

4. 要培养坚定的自信心。没有自信心的人是不可能为远大志向而拼搏的。

5. 要有实现志向的长期、中期和短期计划，并认真执行计划。

6. 每天都激励自己向奥运冠军们学习，并对自己说：我能实现自己的志向，我能做自己的奥运冠军，我能！

27. 用感恩之心敲开成功之门

学会感恩是青少年走向成才的第一步。每一个人的成长都离不开所处的社会环境和自然环境，你的每一个进步都是在老师、同学、长辈的帮助下取得的，因此，你应该对他们心怀感激之情。我国历来就讲究养育之恩、培养之恩、提携之恩、救命之恩等，提倡“知恩图报”，“滴水之恩，当涌泉相报”。

其实，古今中外很多人之所以能抓住机会努力成才，是因为他们从小就养成了一颗善良的感恩之心。

在里约热内卢的一个贫民窟里，有一个男孩名叫贝利，他非常喜欢踢足球，可是父母却因贫困买不起足球，于是他就踢塑料盒，踢汽水瓶，踢从垃圾堆拣来的椰子壳。他在巷口里踢，在能找到的任何一片空地上踢。

有一天，小男孩在一个干涸的小塘里猛踢一只猪膀胱时，被一位足球教练看见了，他发现这男孩踢得很是那么回事，就主动提出送给他一只足球。小男孩做梦也没想到自己还能拥有一个真正的足球，从此，他踢得更卖力了。不久，他就能准确地把球踢进远处随意摆放的一只水桶里。

圣诞节到了，男孩的妈妈说：“我们没有钱买圣诞礼物送给我们的恩人，就让我们为他祈祷吧。”

小孩子跟妈妈祷告完毕，向妈妈要了一只铲子跑了出去，他来到足球教练的别墅前的花圃里开始挖坑。

就在他快挖好的时候，从别墅里走出一个人，正是那位教练，问小孩在干什么，小男孩抬起满是汗珠的脸蛋，说：“教练，圣诞节到了，我没有礼物送给您，我愿给您的圣诞树挖一个树坑。”

教练把小男孩从树坑里拉上来，说，我今天得到了世界上最好的礼物。明天你到我的训练场去吧。透过贝利那颗颇知感恩的心以及他对足球的痴迷程度，教练看到了贝利的远大前程。后来，教练把贝利带到圣保罗，对半信半疑的桑托斯职业足球队教练说：“这个孩子将成为世界上最伟大的足球队员。”

贝利就这样用他那颗美好的感恩之心敲开了机遇的大门。

带着对教练强烈的感恩之心，贝利紧紧抓住这一做梦也没想到的机遇刻苦训练，他很快就创造了奇迹，不久他就成为进球最多的球员。后来伦敦的《泰晤士报》评论道：“你该怎么拼写贝利？是——上帝。”

要成为一名杰出的足球明星非常困难，因为他们的运动巅峰期普遍非

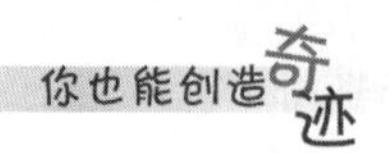

常短，只有极少数球星可以有 5 年以上的上乘表现。令人难以置信的是，贝利保持最佳状态长达 18 年！ 1973 年他在第 17 个赛季中入球 52 个，当代的足球超级明星们从未达到一个赛季能踢进 50 个球，而对于曾在一年中踢进 100 多个球的贝利而言，这代表着退役。

巴西队的风格是既注重技巧，又追求欢乐，它的队员如果不是最熟练于技巧的，就是最擅长杂技的。巴西队踢球时有一种富于感染力的勃勃生气。当穿着黄色运动服的球员出现在赛场上时，他们的球迷便随着桑巴乐队的鼓点齐喊加油。在贝利时代，巴西人把足球当做梦想。

1970 年的世界杯决赛，巴西的对手是意大利。意大利凭借混凝土式的防守和突然反击将比分胶着在 1 ∶ 1,想通过消磨巴西队的士气来加强防守，等巴西队自己犯了错误再扩大比分。但是，贝利率领的巴西队丝毫没有放在心上，就像跟业余队比赛一样，很轻松地打得意大利队一败涂地，以 4 ∶ 1 大胜。

后来贝利在纽约宇宙队打过几场比赛。他不像以前那么快了，但仍然生气勃勃。从那时起，贝利变成了一个特殊的受崇拜的人物。大多数当代球迷都没看过他的比赛，但他们感受到贝利是他们生命的一部分。他从一个超级巨星变成了神话人物。

贝利从小就受到了良好的感恩教育，有一颗知恩图报的纯洁心灵。在圣诞节到来的时候，妈妈教育孩子，没有钱给恩人买礼物不要紧，咱们可以用一颗真诚感恩的心为恩人祈祷，无论恩人是否知道我们在为他祈祷。在母亲的教育下，贝利不仅想到了用心为恩人祈祷，而且愿意用行动、用汗水去报答恩人。而正是小男孩这一善良而可爱的举动，深深打动了足球教练。因为教练认为，对于一个优秀运动员来说，有颗善良的心、感恩的心是最重要的。教练从小贝利的言行中看到了他的品德，看到了他的发展前途——世界上最伟大的足球明星。因此将他带进了巴西最好的足球训练场，让他踏上了通向世界足球王子的成长之路。试想，如果当时贝利的妈妈不对儿子进行感恩教育，如果贝利不在妈妈的教育下进一步产生感恩的行动，那么，贝利的命运又将会如何呢？他能有机会踏上足球天王的成长之路吗？

然而当今许多中小学生总觉得父母的抚育、老师的培育和鼓励都是应该的、天经地义的，因而他们总是知恩不报、受恩不谢。这样的青少年是不可能真正健康成长的。

有这样一位中学生，平时他的妈妈对他总是百般呵护和疼爱，但是有一天，这位中学生与妈妈一起站在拥挤的公共汽车上，汽车停靠到一个小站时，上来一位80多岁的老太太。车上的乘客见老太太行动十分艰难，觉得老太太独自出门无人照料很是可怜。那位中学生的妈妈抱怨道："这老太太的儿女们上哪儿去了，让老人家一个人出来搭车有多危险呀！"接着她又对自己的儿子问道："儿子，如果妈妈老了怎么办呢？"此时，妈妈用期盼的眼神看着儿子，谁知那位中学生却两眼冷漠地看着窗外，毫无表情地回答道："你老了就去安乐死吧！"

请你千万别以为这是笔者虚构的故事。这是一位老教育家在公共汽车上亲眼见到的一幕。

也许有的同学会想，那个中学生是因为还不懂事，他长大成人后就不会对母亲那么冷漠无情。我不同意这个观点。感恩之心是需要从小培养的。请看下面一个案例：某报载，1998年12月23日，一位流落在外饿了4天4夜的老母亲，最终倒在西安市某街头。临死前，她面对抢救她的好心人痛苦地说："我儿子是××县副县长，我死后，请通知他一声……"这位守寡的母亲独自拉扯两个儿子，历尽艰辛供他们读了大学后，才嫁给一位好心人，可儿子竟因此而拒不认自己的母亲。更为不幸的是，她再嫁的丈夫又患了重病，昂贵的住院费耗尽了多年的积蓄，生活无着的她后来只身到外地打工，终于病卧他乡。事后，她的两个儿子偷偷地开着高级轿车，把她的尸体拉到火葬场火化，却不承认死者是他们的母亲，还操着一口官腔说，这是他们县上的一位孤寡老人，他们代表政府来处理她的后事。"鸦有反哺之义，羊有跪乳之恩。"一个副县长却把自己的母亲逼上绝路，简直连禽兽都不如！哪里谈得上一丁点儿感恩之心。

许多家长常常十分关注孩子的学习成绩和身体健康状况，而忽视孩子的情感状态，忽视对孩子进行感恩教育，认为只要孩子学业好，能上一所好的大学，就会一好百好。许多同学平时也只重视学功课，不注重培养感恩之心。然而，一个只会读书，对生养自己的父母都冷漠的人将来是不会关心他人并受到他人的关心和帮助的。这样不知感恩、不愿报恩的孩子无论书读得如何，将来也是很难融入社会的。

当今中国社会，不知感恩的孩子并非个别。一位老师向班上的学生询问有谁知道自己母亲的生日时，竟没有一个孩子能说出，而问到他们自己的生日，没有一个是不知道的。很多同学喜欢追星却不知道对父母感恩，尽管他们的妈妈每天都给他们很多好吃的东西，但他们知道韩国、日本明星喂的小狗爱吃什么，却不知道自己的妈妈最爱吃什么。在他们心目中自己理所当然处在最重要的位置，对父母一点也不关心，并且对父母的养育之恩显得很麻木。这样的孩子对老师的培养教育之恩同样也很麻木。2006年5月下旬的一天，记者在复旦大学见到了这样尴尬的场景：600个学习成绩优异的高三学生在老师的带队下参加保送生面试，其中只有一个学生对引导老师说了声谢谢。

难怪今天有不少中小学生，他们经常和父母、老师闹矛盾，他们讨厌父母，不听父母和老师的教育引导，而在生活中表现出来的脆弱却让人吃惊，他们不仅不能克服学习生活中遇到的困难，就连周围的环境也适应不了，如此，又怎么能够担当社会建设者的重任？

美国人很崇尚感恩之心，并有感恩节。美国的感恩节始于1621年，那年秋天，远涉重洋来到美洲的英国移民为了感谢上帝赐予的丰收和印第安人的帮助，举行3天狂欢活动。从此这一习俗就延续下来，并风行各地。1863年，美国总统林肯正式宣布感恩节为国定假日。于是，美国人每逢11月的第四个星期四都要隆重庆祝一番。这一天，全家人围坐在餐桌旁，面对有火鸡、南瓜派的丰盛大餐，进行餐前祈祷和感恩。这时，每个人都会怀着感激之情细说值得他们感恩的人和事。现在，在许多美国人的心目中，感恩节是比圣诞节还要重要的节日。

然而，由于面临升学、就业的压力，很多青少年往往只重视应试和应聘技巧的训练，却常常忽视培养感恩之心，这样的孩子既不懂得珍惜亲情，也不珍惜父母给他们提供的良好的学习成长机会。他们对一切都司空见惯，不以为然，总觉他们所得到的一切都是应该得到的，别人为他们做的一切都是应该做的。这样不知感恩的学生是不可能产生强烈的上进心的。我曾遇到过这样一位青年，他叫齐齐(化名)，19岁，是湖北省黄冈市某高中的学生，也是我的读者朋友，我经常打电话引导他。一天晚上十点多钟，我打电话问他在干什么，齐齐说："刚刚下晚自习，没做什么，正在等妈妈给自己做晚餐。"我问："你怎么没自己做呢？这么晚了，你应该让妈妈休息才对呀！"齐齐说："每晚都是我妈亲手给我做的。"我问："那你每晚吃饭之前感谢过你妈没有？"齐齐脱口答道："这还用感谢呀？我从来没想到过吃饭前应该感谢妈妈，我都麻木了，习以为常了。"我说："那你就错了，这是应该感谢的。今天你吃饭时一定要真诚地对妈妈说声谢谢，因为很多同学的妈妈这时正在打麻将，或正在看电视，而你的妈妈却每天这么晚了都坚持给你做晚饭。这是应该认真感谢的。"齐齐答应了。

大约半小时后，我给齐齐的妈妈打电话，问齐齐今晚吃饭时说什么没有。我怎么也没想到，齐齐的妈妈说他吃饭时却是这样说的："妈妈，刚才汪老师打电话来，要我吃饭时一定要感谢你。"她当时的确感觉啼笑皆非。

试想，这样不知感恩的孩子怎么能激发成才之心呢？怎么会想到将来成才后报效父母呢？

一个没有强烈的感恩之心的少年是不可能像当年的贝利那样百倍珍惜成长的机会的。这样的少年总是认为他拥有的一切都是理所应当的。当今我国很多孩子不能健康成长的一个很大的原因在于不知感恩。正因如此他们才不愿刻苦学习，才会厌学、逃学，才会整天迷恋网吧。

天津农村有位少年名叫安金鹏，为了感谢母亲的培养之恩，超乎寻常地珍惜学习机会，勤奋学习，获得了国际中学生数学奥赛金牌。天津市解放几十年来，只有他一个中学生获得了如此高的成就，天津市为他召开了隆重的庆功表彰大会，在会上，他讲的话深深震撼了全场听众：

"我要用我的整个生命感激一个人，那就是哺育我成人的母亲。她是一个普通的农妇，可她教给我做人的道理却可以激励我一生。

我的生活费是每个月60元到80元，比起别的同学每个月200元至240元的生活费，它少得可怜。可只有我才知道，我妈妈为这80元钱，要从月初就一分一分地省，一元一元地卖鸡蛋、蔬菜；实在凑不够她还得去邻居家借个二十、三十元。她和爸爸、弟弟在家几乎从不吃菜，就是有点菜也不用油拌，而是舀点腌咸菜的汤搅和着吃。

我是天津一中唯一在食堂连素菜也吃不起的学生，我只能顿顿买两个馒头，回去宿舍泡点方便面渣就着大酱和咸菜吃下去；我也是唯一用不起草稿纸的学生，我只能用一面印字的废纸打草稿；我还是那儿唯一没有用过肥皂的学生，洗衣服总是到食堂要点碱面将就。可我从来没有自卑过，我总觉得我妈妈是一个向苦难、向厄运抗争的英雄，做她的儿子我无上荣光！

我念高一那年，想买一本《汉英大词典》学英语，妈妈兜里没钱，却仍然答应想办法。早饭后，妈妈借来一辆架子车，装了一车白菜和我一起拖到40里外的县城去卖。我们到县城时已快晌午了，我早上和妈妈只喝了两碗红薯玉米稀饭，此时肚子饿得直叫。我真恨不得立刻有买主把菜拉走，可妈妈还是耐心地和买主讨价还价，几次反复后，终于一角钱一斤成交。210斤白菜应换来21元钱，可买主只给了20元。有了钱我想先吃饭，可妈妈说还是先买书吧，这是今天的正事。

我们到书店一问书价，要18元2角5分，买完书只剩下1元7角5分。

可妈妈只给了我7角5分零钱去买了两个烧饼，说剩余的一元钱要攒着给我上学花。虽然我一个人吃了两个烧饼，可等我们娘儿俩快走完40多里的回家路时，我又饿得头晕眼花了。这时我才想起，我居然忘了分一个烧饼给妈妈，她饿了一天的肚子为我拉了80里路的车！我后悔得直想打自己耳刮子，可母亲却边拉着车边对我说："妈没多少文化，可妈妈记得小时候老师念过高尔基的一句话——贫困是一所最好的大学哩！你要能在这个学堂里过了关，那咱天津、北京的大学就由你考哩！"妈妈说这话的时候，她不看我，她看着那条土路远处，好像那路就真的可以通向天津、北京一样。我听着听着就觉得肚子不饿了，腿也不酸了……

如果说贫困是一所最好的大学，那我就要说，我的农妇妈妈，她是我人生最好的导师……我一定要努力学习，努力奋斗，一辈子感激她！"

因为安金鹏理解母亲的艰辛，所以他才特别地感激母亲，他才产生了强烈的奋斗激情，他才能取得世界一流的成绩。否则，他是不可能在如此艰难的情况下取得超人的成绩的。

可是现在很多同学没有感恩之心，有的同学甚至经常和自己的父母闹矛盾，经常不理睬父母。华中师范大学的郭元祥教授认为这些孩子在父母和爷爷奶奶面前只知"我该怎么样"，不知"该我怎样"；只知"我要什么"，不知"要我什么"，不知尊敬师长，关爱他人；只知索取，不知奉献。这是现代教育的一大败笔和缺失。这样没有感恩之心的青少年是很难被社会接纳的，社会上谁愿意去帮助和培养一个毫无感恩之心的人呢？据《楚天都市报》报道，2007年8月中旬，襄樊市总工会、市女企业家协会联合举行的第九次"金秋助学"活动中，主办方宣布：5名缺乏感恩之心的大学生被取消继续受助的资格。

2006年8月，襄樊市总工会与该市女企业家协会联合开展"金秋助学"活动，19位女企业家与22名贫困大学生结成帮扶对子，承诺4年内每年向每名大学生资助1000元至3000元不等。入学前，该市总工会给每名受助大学生及其家长发了一封信，希望他们抽空给资助者写封信，汇报一下学习生活情况。

但一年多来，部分受助大学生的表现令人失望，其中三分之二的人未给资助者写信，有一名男生倒是给资助者写过一封短信，但信中只是一个劲地强调其家庭如何困难，希望资助者再次慷慨解囊，通篇连个"谢谢"都没说，让资助者心里很不是滋味。

这些受助一年多的大学生们，从来没有主动给资助者打过一次电话、写过一封信，更没有一句感谢的话，襄樊5名受助大学生的冷漠，逐渐让资助者寒心。

感恩教育是人生中最基本的道德教育，它可以培养你对自己、对父母、对社会的责任感，它可以使你为了感恩他人而产生强烈的上进心和拼搏精神，因为一个不学无术、无所作为的人是没办法报答任何人的。

因此，青少年要想成才，必须先学会做人，学会感恩。

好榜样贝利为你领航

1. 要懂得从小培养感恩之心的重要意义。要懂得一个人只有从小心怀感恩之心，才会以知足的心去体察和珍惜自己身边的人、事、物；才会从小学会领悟和品味命运的馈赠；才会懂得父母、老师的爱，才会努力拼搏，才可以不断进步。

2. 要将感恩之心与自己的成长结合起来。用感恩之心激励自己健康成长，将来用自己的智慧和力量报答所有帮助过自己的人，报答社会，报效祖国。

3. 感恩之心要从小培养，要从现在做起，从小事做起，从一言一行做起。比如，每当父母、老师和同学对你进行教育和帮助的时候，你都应及时发自内心地说声谢谢，而不能认为那是别人本来应该做的。

4. 要从小学会宽容，学会理解。比如当父母、老师误解了你、错怪了你，你应多想想他们平时对你的关怀和帮助。因此，应多一分理解和宽容，而千万不要太计较。

5. 要向安金鹏、贝利等好榜样学习，时时心怀感恩之心，树立崇高的理想，百倍的珍惜成长机遇，用不懈的奋斗精神去感恩社会，感恩父母、老师等所有教育帮助过自己的人。

6. 每天都激励自己向贝利等奥运冠军们学习，用感恩之心珍惜每一天，珍惜并把握住人生机遇，创造美好人生，做自己的奥运冠军。

28. 强烈地自我激励是成功的先决条件

人人都梦想获得成功，但为什么只有少数人梦想成真呢？其中一个关键的原因在于，多数人虽然也曾奋斗过，但是，一旦遇到重重困难时，一

旦遭遇失败和挫折的打击时，他们往往会放弃梦想，半途而废。他们忽略了成功者的一个重要秘诀，那就是不断地自我激励。

中古时期，苏格兰国王罗伯特·布鲁斯曾前后10多年领导他的人民抵抗英国的侵略，但因为实力相差悬殊，6次都以失败告终。

一个雨天，战败后的他悲伤、疲乏地躺在一个农家的草棚里，几乎没有信心再战斗下去了。

正在这时候，他看到草棚的角落里有一只蜘蛛在艰难地织网，它准备将丝从一端拉向另一端，6次都没有成功。然而这只蜘蛛并没有灰心，又拉了第7次，这次它终于成功了。

布鲁斯受到了极大的启发，“我要再试一次！我一定要取得胜利！”

他以此激励自己，重新拾起自信心，以更高涨的热情领导他的人民进行战斗。这次，他终于成功地将侵略者赶出了苏格兰。

苏格兰国王能从一只小小的蜘蛛身上看到再度奋起的勇气，并以同样的方式激励自己，在再试一次中实现了自己的理想。

自我激励是人生一笔弥足珍贵的财富，在人生的前行中能产生无穷的动力。青少年一旦拥有了自我激励的动力，他们就在生命中插上了腾飞的翅膀。它将带着你展翅翱翔，创造属于你自己的人生辉煌。

从某种意义上说，自我激励就是自我期待。人们激励自己的目的，就是为达到所期待的目标。

“不经历风雨，怎么见彩虹，没有人能随随便便成功。”这两句歌词不知打动和影响了多少渴望成功的人，激励他们战胜困难，磨炼斗志，走向成功。这说明激励对一个人是非常重要的。

我国的一些奥运会冠军，他们的年龄都只有20岁左右，但当他们站在奥运会领奖台上，面对着五星红旗的缓缓升起，他们显得是那样的光彩照人。他们之所以能够走向世界的巅峰，不仅仅是凭借着自己的年轻，更因为他们总是不断激励自己向梦想挺进。

2004年雅典奥运会柔道女子52公斤级决赛中，中国选手冼东妹以绝对优势战胜了日本选手横泽由贵，获得冠军。

冼东妹成功了，但她付出了17年的青春。17年里，她的苦和痛是常人难以想象的。每当她觉得自己痛苦到了极点想要放弃的时候，她总是激励自己挺住，挺住，绝不半途而废。

生于1975年9月15日的冼东妹，1987年从广东四会市迳口镇中心小学进入市业余体校练摔跤，1988年进入省队练摔跤，1990年开始练柔道，

1993年入选国家队。冼东妹身体素质不好，这意味着要比别人更能吃苦。她妈妈一次去广州探望女儿，看到女儿被摔得鼻青脸肿，好几次劝女儿："回家算了，练柔道比耕田还辛苦！"

但是，冼东妹却激励自己决不能放弃，即使是医学权威给她的运动生涯判了"死刑"，她也不放弃。1996年，冼东妹左膝十字韧带断了，北京一家著名骨科医院鉴定她左膝关节严重坏死，要求她立即停止训练、住院做手术，否则会影响日后的行走，并断定她的运动生涯已经终结。重创并没有击垮这位矮小的广东姑娘，但为了参加1年后的八运会，冼东妹只能进行保守治疗。她没有停止训练，也没有动手术。直到过了1年，她拿到了八运会冠军之后才走进了手术室，病情恶化的左膝膑骨打进了3颗钢钉，用以固定膑骨。这3颗钢钉现在仍固定在她左膝关节上。她是何等的坚强啊！

术后医生认为冼东妹已经不再适合进行这项运动，但几进几退的冼东妹最终还是激励自己坚持下来。冼东妹回忆说，当初她犹豫过，但左思右想，最后决定，哪怕是成为残疾人，也要打一届奥运会。她无数次地激励自己："拿奥运冠军是梦想，更是信念，拖着伤腿，也应努力拼搏。"但她错过了1996年和2000年两届奥运会，为了2004年雅典奥运会，冼东妹还是选择了坚持。在2001年全国九运会上，她再一次严重受伤。决赛的最后时刻，冼东妹右膝膑骨突然脱臼移位，她倒在赛场上，裁判员当即示意暂停比赛。未等队医进场，冼东妹强忍疼痛，自己把脱臼的右膝膑骨推回原位！最终，她凭着惊人的毅力赢得了金牌。

九运会后，冼东妹开始了教练工作，但仍然坚持训练。为进入奥运集训大名单，她一站一站地打积分赛，又获得了亚锦赛亚军，终于实现了自己进军奥运的梦想。

有时训练结束，别人返回宿舍只需10分钟，她却要用30分钟；上楼梯要用双手扶着扶手，一步三停，逐步向上移，有时得靠队友们背着她上楼。晚上，别人都睡着了，而她却在疼痛中辗转反侧。就这样，精神上的拐杖让她一步步走向自己的梦想。

雅典奥运会上，冼东妹终于把这长达17年的艰辛浓缩在决赛的66秒中。这绝对是一种爆发，冼东妹用闪电般的速度爆发了17年的激励与渴盼。终于，她成功了。

与冼东妹一样，任何人的成功都离不开激励。因为成功的道路上充满了艰辛，挤满了竞争者，任何人都不可能轻易地取得成功！

美国哈佛大学威廉·詹姆士发现，一个没有受过激励的人，仅能发挥其能力的20%～30%，而当他受到激励时，其能力可发挥至80%～90%，即一个人在通过充分激励后，所发挥的作用相当于激励前的3~4倍！

1912年，美国的钢铁大王安德鲁·卡内基以100万美元的年薪聘请查理·斯瓦伯出任该公司的第一任总裁时，引起了全美企业界沸沸扬扬的议论。因为，100万美元的年薪在当时是全美最高的，而斯瓦伯对钢铁行业其实完全是个外行。卡内基有什么理由要付给他这样的高薪？其实，卡内基看上他完全是因为他有激励部属的特殊才干。

斯瓦伯上任不久，发现他所管辖的一家钢铁厂产量严重落后，他于是来到该厂问厂长："这是怎么回事，为什么你们的产量总是得不到提高？"

厂长低下头说："总裁先生，我很惭愧，我对工人们好话歹话都说尽了，还拿开除来吓唬他们，可是没想到他们软硬都不吃，还是那样整天散漫怠工。"

斯瓦伯看看时间，已是日班快要下班，夜班快要接班的时候了。他向厂长要了一支粉笔，然后问日班的领班："你们今天炼了几吨钢？"领班回答说："6吨。"斯瓦伯便用粉笔在地上写了一个很大的"6"字，然后什么也不说就走了。

夜班工人来接班时，见到地上的"6"字，便很奇怪地问是什么意思。日班工人告诉他们："总裁今天来厂时，问我们今天炼了多少钢，领班跟他说是6吨，他就在这里写了一个'6'字。"

第二天早上，斯瓦伯又来到这个厂，看到头一天他写在地上的"6"字已经被夜班工人改为"7"字了。

日班工人看到地上的"7"字，知道自己的产量输给了夜班工人，心里就很不服气，他们决心打打夜班工人的威风，于是大家齐心协力，结果那一个日班就炼出了10吨钢！

真正的管理不是周扒皮的半夜鸡叫，应该是从心灵里激发人奋发向上的热情。

正是因为安德鲁·卡内基深知激励的极其重要的价值，他才会大大出乎人们所料地花重金聘请一个并不懂钢铁行业，但却十分懂得激励员工的大师来管理他的公司。谁曾想到，当初周薪只有1.2美元的锭子工卡内基后来竟然成了美国著名的钢铁大王。

激励对一个人的成功是如此的重要，但我们不能总是指望激励大师来激励自己。我们也不可能人人都像卡内基那样财大气粗地去聘请激励大师。德国人力资源开发专家斯普林格在他的著作《激励的神话》一书中写道："强烈的自我激励是成功的先决条件。"约翰·卡迪森指出："自我激励是一个人由失败走向成功的必要条件，是一种魅力与精神的载体。"因此，为了实现自己的梦想，我们必须当自己的激励大师。

世界著名篮球巨星姚明资助了一位宁夏的贫困孩子上大学，当这贫困学子第一次见到姚明时，仰视着姚明十分感激地说了两句话："没有比脚更长的路，没有比人更高的山。"姚明听后觉得深受教育和启发。时过一年，即 2007 年 8 月 18 日，这位贫困大学生与崔永元一起在中央台"圆梦行动"节目中讲了这两句话。当时在场的著名作家张贤亮听后觉得很好，并给他加了一句："没有比自我教育和自我激励更好的大学。"

美国军事理论家托·富勒说："自我激励是情感智力的重要组成部分，它是指对自我抱有期望，不断鼓励自己，选择好的方法，战胜困难和挫折。"美国科学家富兰克林也说："一个人失败的最大原因，就是对自己的能力不敢充分信任，甚至自己认为一定失败。"

过去，一位重要人士曾对美国南卡罗莱纳州一个学院的学生发表演说。那天，整个礼堂都是学生，大家都对有机会听到这种大人物的演说兴奋不已。经过州长简单介绍，演讲者走到麦克风前，眼光对着观众，由左向右扫视一遍，然后说："我的生母是聋子，因此没有办法说话，我不知道自己的父亲是谁，也不知道他是否还在人间，我这辈子的第一份工作，是到棉花田去做事。"

台下的观众都呆住了。"如果情况不如人意，我们总可以想办法加以改变。"她继续说，"一个人的未来怎么样，不是因为运气，不是因为环境，也不是因为生下来的状况。"她重复着刚才说过的话，"如果情况不尽如人意，我们总可以想办法加以改变。"

"一个人若想改变眼前充满不幸或无法尽如人意的情况，只要回答这个简单的问题：'我希望情况变成什么样？'然后激励自己全身心投入，采取行动，朝理想目标前进即可。"

接着她的脸上绽现出美丽的笑容："我的名字是阿济·泰勒·摩尔顿，今天我以美国财政部长的身份，站在这里。"礼堂里顿时爆发出雷鸣般的掌声。

可见，不断自我激励，才会全力以赴地朝着目标前进，才会实现自己的人生梦想。激励专家认为：自我激励的根本源泉是自我期待，一个人只有有所期待，才会在实际中不断激励自己。而一旦这种期待消失了，自我激励也就不复存在。

玻尔从小就期待着成为一个出色的物理学家，但是他从小就反应迟钝。看电影时，他的思路老是跟不上电影情节的发展，总是喋喋不休地向别人提问，弄得旁边的观众对其厌恶至极。

在科学问题上他也是如此。一次，一位年轻科学家介绍了量子论的新观点。大家都听懂了，可玻尔却没有听懂而提出疑问。年轻的科学家只好重新向他解释一遍。

尽管如此，玻尔并没有降低对自己的期望值，他总是在不断地激励自己。他用勤学好问来弥补反应慢的缺陷，对没弄懂的问题和没有理解的问题，他毫不掩饰，接二连三地提问，即使引起旁人的讨厌，他也毫不在乎。

玻尔说："我不怕在年轻人面前暴露自己的愚蠢。"而这位"愚蠢"的科学家，1942 年成为诺贝尔奖的获得者。

这就是自我期待的巨大力量，也是自我激励的力量。

联合国教科文组织提出了"终身学习"的观念。这一观念在当今世界引起了普遍的认同。而要做到"终身学习"，就必须做到终身自我激励，并非青少年时期才需要自我激励。但青少年时期是人生的黄金时期和关键阶段，学会自我激励显得异常重要，错过了青少年时期再来补自我激励这一课的话，就难免后悔莫及了。正如著名作家柳青所说的那样："人生的道路虽然漫长，但要紧处常常只有几步，特别是当人年轻的时候。"

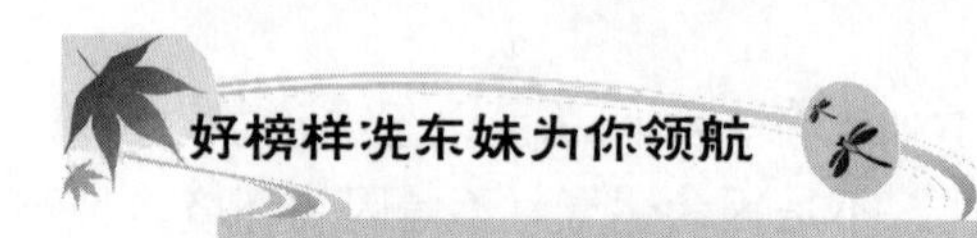

1. 充分认识自我激励对人生的重要意义，尽早养成自我激励的习惯。

2. 用名人名言作为自我激励的重要手段，尽可能地积累一些名人名言。每天学习一条格言，使自己目标更坚定，心地更明亮，意志更坚强，方法更科学。因此，我建议你自己积累，每天一条。

3. 用自己喜爱的奥运冠军等名人、伟人的事迹激励自己。榜样的力量是无穷的。有了自己的榜样，并经常用榜样激励自己，你能战胜任何困难，征服任何高山。因此，一定要挤时间认真读几本名人传记。

4. 与好朋友好同学相互鼓励，在同龄人和同学中选择学习的榜样，用他们的事迹来激励自己。这样的榜样可学可比，距离又很近，因此，激励作用更明显。

5. 用美好的前途和远大的目标激励自己。一个没有强烈的目标意识，对人生前途很麻木的人是不可能激励自己的。每个奥运冠军和名人伟人都有自己的远大而坚定的目标。否则，他们不可能成功。

6. 必须培养强烈的责任感和竞争意识。日本的上野一郎说："自我激励的因素有责任、竞争、兴趣。"一个没有强烈责任感和竞争意识的人是不会激励自己奋斗的。

7. 每天都用奥运冠军的事迹激励自己，对自己说："我必须学会并坚持自我激励。我每天都要激励自己做最好的自己，做自己的奥运冠军。"

29. 自强不息，不以任何借口消沉

一个人要想取得成功，就必须进取，进取，想尽千方百计地进取，不能有任何借口。

然而，生活中却有很多人不是在为成功找方法，而是在为平庸找借口；不是自强不息，积极进取，而是怨天尤人，畏缩不前。这样的人是永远不可能成功的。

所有卓越的成功者都具备一个共同的特点，那就是无论在什么艰难的条件下，都始终保持积极进取，自强不息的信念。

鲁道夫于 1940 年 6 月 23 日出生在美国田纳西州的克拉科斯福镇。她一出生就先天不足，只有 2 千克左右。她小时候是这样的多灾多难，几乎经历过所有的儿童常见疾病，从麻疹到腮腺炎，从猩红热到水痘，从肺炎到小儿麻痹，病痛一个个接踵而来，她童年时代的大多数时光都是在病床上度过的。当家人发现她的左腿和左脚逐渐无力和变形时，才知道她得了小儿麻痹，而且医生对她的双腿判了终身的"死刑"，这时她刚 6 岁。幸而鲁道夫有一位充满爱心的母亲，不甘心自己的女儿就这样了此残生。尽管家境贫寒，每天要起早贪黑挣钱养家，鲁道夫的妈妈却还是坚持每个星期开车往返 90 英里路程，带她去医院治疗。医院为她在腿上装了金属支架和矫正鞋，帮助她练习行走。鲁道夫的兄弟姐妹每天都轮流为她做按摩，鼓励她增强信心，并督促她坚持锻炼。经过 3 年多的治疗和锻炼，在鲁道夫 9 岁的时候，开始甩开了拐杖、支架和矫正鞋，慢慢靠着自己的双腿走路了。

鲁道夫 11 岁时，她的兄长在自家院子里安装了一个篮球架。自那以

后，自强不息的鲁道夫就成了篮球迷，在她的生命里似乎就只有篮球、篮球、篮球。鲁道夫读高中时参加了学校的女子篮球队，她在篮球场上越战越勇，不断参加各种篮球比赛，曾在一场球赛上的个人积分就达到 49 分，成了本州的篮球明星。正当她在篮球队蓬勃发展之时，她碰到了在她生命中一位最重要的恩师，这就是引领她攀登上世界运动高峰的田径教练爱德华・邓泊。邓泊当时是田纳西州立大学社会学系的教授，同时业余担任该校女子田径队——著名的“虎钟”队的教练，当邓泊在篮球场上发现了鲁道夫时，他慧眼识人，立即看到了她身上那种超乎寻常的巨大潜能。当时鲁道夫就读的女子高中没有田径训练的场地和设备，于是邓泊便邀她参加田纳西州立大学的夏令营田径训练。

在教练极其严格的要求下，经过坚持不懈的刻苦训练，鲁道夫终于迎来了她大显身手的一天。鲁道夫成了首位在一次奥运会上就赢得三枚金牌的美国女运动员，她在奥运会上夺得了女子 100 米、200 米和 4×100 米接力赛的冠军，因此被誉为“世界上跑得最快的女运动员”。她以近 3 米领先的优势，11 秒的纪录，赢得了 100 米短跑的金牌；以 24 秒的成绩赢得了 200 米金牌，并打破了奥运会纪录。人们都说鲁道夫跑起来犹如闪电，因此在 20 世纪五六十年代期间，那些“鲁道夫迷”们观看她跑步时目不转睛，紧张得连眼皮都不敢眨一下。新闻记者和那些追星族们蜂拥而至，报纸上赞誉她为奥运场上的“黑珍珠”，鲁道夫成为万众瞩目的焦点。当她到希腊、英国、荷兰和德国等国去比赛时，运动迷们都争相一睹这位漂亮、迷人的黑珍珠的风采。在柏林，“鲁道夫迷”偷走了她的鞋，然后包围了她乘坐的巴士，用拳头敲打着车身，直到她微笑着向他们招手才肯罢休……

鲁道夫是奥运史上一位伟大的运动员。鲁道夫的成功，不仅是奥运冠军的成功，应该说她的第一个成功就是如何在困境中求生，成功地战胜了病魔和残疾的困扰，她的成功代表着残疾人自强不息的顽强意志；她的成功还代表着生活在社会底层贫穷家庭的孩子，在逆境中积极进取的成功。

奥运冠军鲁道夫的经历告诉我们，**人总是要有一点精神的。很多人在重重困难面前选择了放弃，这样的人当然只能收获失败。只有那些不怕任何困难，积极进取，自强不息的人，才能走向人生的辉煌。**奥运冠军们如果缺乏积极进取的精神，如果他们不是千方百计找出路，而是时时处处找退路的话，那么是不可能登上奥运冠军领奖台的。

相比之下，很多青少年在面对挫折和挑战时，总是找借口逃避现实，向困难屈服，这是十分不利于成才的。著名的美国西点军校 200 年来奉行的最重要的行为准则是“没有任何借口”。西点告诉它的学员：没有什么不可能——“没有办法”或“不可能”是庸人和懒人的托辞。如今很多年轻人总是牢骚满腹，他们寻找种种借口放弃奋斗或为自己开脱。但是，西点的精英们会想尽办法进取和奋斗，而不是为平庸无能寻找借口，哪怕是合理的借口。

太难并不能成为你不能成功的借口，非常简单的事情人人都能够做，为什么要找你？事情没有达到预期的结果，不是你的错，又是谁的？没能成功，不是你的错，又是谁的？你真的没有任何办法战胜困难吗？不要总是为自己的失败寻找各种理由，这些看似合理的理由让你暂时逃避了困难和责任，获得了些许的心里慰藉。但是，这种“找借口”的习惯正在一点点地吞噬着你的激情和理想。

因此，永远不要抱怨自己缺少什么。如果你还没有成功，那是因为你缺乏积极进取、自强不息的精神。

约翰·伍顿是美国 UCLA 篮球队的教练，曾领导过球队连续十多次拿到全美篮球比赛的冠军。

有位教练问他：“你是如何指导球员，如何让任何一名球员进入球队后都变成冠军队伍中的一员的？如何才能像你一样成功？”

约翰·伍顿回答：“即使是篮球巨星，也要每天站在篮下 5 米处练习 500 次基本投篮动作。因为球员只有每天练投 500 次，遇到紧急情况时才能有超水准的表现。基本动作是最重要的，时日一久，球员必有相当程度的提高。”

与约翰·伍顿有着同样感慨的是美国另一位高尔夫球名将。

盖瑞·布雷尔是美国高尔夫球场上的名将，在比赛中经常能准确的挥出完美无缺的一杆。

有位高尔夫球运动员问他：“怎样才能挥出完美无缺的一杆？如何才能像你一样成功？”

盖瑞·布雷尔回答说：“我每天早上起来坚持挥杆 1000 次，双手流血，包扎过后继续挥杆，连续挥了 30 年。”

接着，盖瑞·布雷尔又说：“你愿意付出每天早上起来坚持挥杆 1000 次的代价吗？你愿意重复一模一样的单调动作吗？如果你愿意，你也能打得像我一样。”

当需要抓住成功的关键时刻，你有了每日 500 次的投篮，每日 1000 次的挥杆这些为抓住成功所做的准备吗？的确，成功需要我们数十年如一日的积极进取，执著的信念，坚持不懈，自强不息地努力最终可以帮助有心人取得成功。

失败者往往会找出许许多多失败的原因或借口，而成功者的秘诀都是如此简单而又雷同，那就是数十年如一日地积极进取，日复一日地重复单调的训练，遇到多少困难都不找任何借口放弃。

德国诗人歌德说过："谁能保持永远地进取，谁便是伟大的人。"天才的特质就是在取得了巨大的成功后，仍然不满足于已有的成绩，不断地进取，挑战自我，追求卓越。所谓人不自弃，上天才会不弃。自强不息是一个人成功的重要因素。人生不可能一帆风顺，必然充满了困难与挫折。如果一遇到困难与挫折就自暴自弃，那么，这个人就会走向消极，走向失败。所谓的天才，并不是他们生活特别幸福，并不是他们的道路特别顺利，而是他们具有积极进取、自强不息的精神。他们善于鼓起勇气，穿过风雨，涉过险滩，一步一步走向自己的目标。为了成功，我们不应再计较客观条件，我们不必再害怕任何困难。论先天条件，鲁道夫绝不比我们任何人的条件优越，论困难，鲁道夫当初遇到的困难比我们任何人的困难都要大得多。鲁道夫都能创造如此伟大的业绩，只要我们始终牢记歌德的名言，像鲁道夫那样，无论遇到什么困难，都始终保持锐意进取的精神，那么，我们也一定能创造自己的奇迹，一定能成为自己的奥运冠军。

好榜样鲁道夫为你领航

1. 珍惜现有条件，创造机遇不断进取。

2. 不要只羡慕别人的成功，而应制定自己的奋斗计划，并日复一日，年复一年地向目标奋进。

3. 不要害怕困难，不要寻找借口，不要怨天尤人。

4. 始终激励自己保持积极进取的精神状态。

5. 确立可学可比的好榜样，经常用好榜样激励自己。

6. 选几句自己特别喜爱的名人名言作为自己的座右铭激励自己不懈地奋斗。